essentials

essentials liefern aktuelles Wissen in konzentrierter Form. Die Essenz dessen, worauf es als „State-of-the-Art" in der gegenwärtigen Fachdiskussion oder in der Praxis ankommt. *essentials* informieren schnell, unkompliziert und verständlich

- als Einführung in ein aktuelles Thema aus Ihrem Fachgebiet
- als Einstieg in ein für Sie noch unbekanntes Themenfeld
- als Einblick, um zum Thema mitreden zu können

Die Bücher in elektronischer und gedruckter Form bringen das Fachwissen von Springerautor*innen kompakt zur Darstellung. Sie sind besonders für die Nutzung als eBook auf Tablet-PCs, eBook-Readern und Smartphones geeignet. *essentials* sind Wissensbausteine aus den Wirtschafts-, Sozial- und Geisteswissenschaften, aus Technik und Naturwissenschaften sowie aus Medizin, Psychologie und Gesundheitsberufen. Von renommierten Autor*innen aller Springer-Verlagsmarken.

Weitere Bände in der Reihe http://www.springer.com/series/13088

Susanne Schindler-Tschirner ·
Werner Schindler

Mathematische Geschichten III – Eulerscher Polyedersatz, Schubfachprinzip und Beweise

Für begabte Schülerinnen und Schüler in der Unterstufe

Springer Spektrum

Susanne Schindler-Tschirner
Sinzig, Deutschland

Werner Schindler
Sinzig, Deutschland

ISSN 2197-6708 ISSN 2197-6716 (electronic)
essentials
ISBN 978-3-658-33668-4 ISBN 978-3-658-33669-1 (eBook)
https://doi.org/10.1007/978-3-658-33669-1

Die Deutsche Nationalbibliothek verzeichnet diese Publikation in der Deutschen Nationalbibliografie; detaillierte bibliografische Daten sind im Internet über http://dnb.d-nb.de abrufbar.

Planung/Lektorat: Iris Ruhmann
Springer Spektrum ist ein Imprint der eingetragenen Gesellschaft Springer Fachmedien Wiesbaden GmbH und ist ein Teil von Springer Nature.
Die Anschrift der Gesellschaft ist: Abraham-Lincoln-Str. 46, 65189 Wiesbaden, Germany

Was Sie in diesem *essential* finden können

- Lerneinheiten in Geschichten
- Schubfachprinzip
- Bewegungsaufgaben
- Eulerscher Polyedersatz und platonische Körper
- Kombinatorik
- Beweise
- Musterlösungen

Vorwort

Die Bände I und II der „Mathematischen Geschichten" (Schindler-Tschirner und Schindler 2019a; Schindler-Tschirner und Schindler 2019b) waren auf die Grundschule zugeschnitten und richteten sich an mathematisch begabte Schülerinnen und Schüler der Klassenstufen 3 und 4. Die positive Resonanz hat uns ermutigt, die Reihe thematisch fortzusetzen. Dieses *essential* und Band IV der „Mathematischen Geschichten" (Schindler-Tschirner und Schindler 2021) richten sich an mathematisch begabte Schülerinnen und Schüler der Unterstufe (Klassenstufen 5 bis 7). Sie können aber auch von älteren Schülerinnen und Schülern mit Gewinn bearbeitet werden.

Wir haben uns entschieden, Konzeption und Ausgestaltung der Grundschulbände fortzuführen. In beiden *essentials* wird die bewährte Struktur beibehalten. In sechs Aufgabenkapiteln werden mathematische Techniken motiviert und erarbeitet und zum Lösen einfacher wie anspruchsvoller Aufgaben angewandt. Weitere sechs Kapitel enthalten ausführlich besprochene Musterlösungen und Ausblicke über den Tellerrand. Der Erzählkontext ist auf die ältere Zielgruppe zugeschnitten.

Auch mit diesem *essential* möchten wir einen Beitrag leisten, Interesse und Freude an der Mathematik zu wecken und mathematische Begabungen zu fördern.

Sinzig
im Februar 2021

Susanne Schindler-Tschirner
Werner Schindler

Inhaltsverzeichnis

1 Einführung

Dem Einführungskapitel folgen Teil I mit sechs Aufgabenkapiteln und Teil II mit sechs ausführlichen Musterlösungskapiteln, die zudem didaktische Anregungen, mathematische Zielsetzungen und Ausblicke enthalten. Dieses *essential* und der Folgeband (Schindler-Tschirner und Schindler 2021) richten sich an Leiterinnen und Leiter[1] von Arbeitsgemeinschaften, Lernzirkeln und Förderkursen für mathematisch begabte Schülerinnen und Schüler der Unterstufe, an Lehrkräfte, die differenzierenden Mathematikunterricht praktizieren, an Lehramtsstudierende, aber auch an engagierte Eltern für eine außerschulische Förderung. Die Musterlösungen sind auf die Leitung von klassenstufenübergreifenden AGs zugeschnitten; sie können aber auch Eltern als Leitfaden dienen, die dieses Buch gemeinsam mit ihren Kindern durcharbeiten. Im Aufgabenteil wird der Leser mit „du", im Anweisungsteil mit „Sie" angesprochen.

1.1 Mathematische Ziele

Dieses *essential* und der Folgeband (Schindler-Tschirner und Schindler 2021) schließen sich in Aufbau und Konzeption den Grundschulbänden I und II der „Mathematischen Geschichten" (Schindler-Tschirner und Schindler 2019a, b) an und setzen die Ziele fort.

In (Bardy und Bardy 2020) betonen die Autoren eindrücklich die Notwendigkeit, mathematische Begabungen frühzeitig zu fördern. Dabei verweisen sie neben Arbeiten anderer Begabtenforscher auf eigene Erfahrungen und auf den Gehirnforscher

[1] Um umständliche Formulierungen zu vermeiden, wird im Folgenden meist nur die maskuline Form verwendet. Dies betrifft Begriffe wie Lehrer, Kursleiter, Schüler etc. Gemeint sind jedoch immer alle Geschlechter.

S. Schindler-Tschirner und W. Schindler, *Mathematische Geschichten III – Eulerscher Polyedersatz, Schubfachprinzip und Beweise*, essentials

und Neurobiologen Wolf Singer (Bardy und Bardy 2020, S. 159 ff.). In (Fritzlar et al. 2006) fokussieren sich die Autoren auf die Klassenstufen 5 und 6, „da es zur Förderung mathematisch begabter Kinder in diesem Altersbereich bisher kaum umfangreichere Publikationen gibt“ (Fritzlar et al. 2006, S. 3), und da „eine zielgerichtete Förderung mathematisch begabter Schüler meist ab der 7./8. Klassenstufe einsetzt oder aber seit einigen Jahren in verstärktem Maße auch für Grundschulkinder der Klassenstufen 2 bis 4 durchgeführt wird.“ (Fritzlar et al. 2006, S. 5). Zur mathematischen Begabung in der Sekundarstufe siehe auch (Ulm und Zehnder 2020).

Dieses *essential* und der Folgeband (Schindler-Tschirner und Schindler 2021) stoßen in diese Lücke. Allerdings gehen beide *essentials* nicht weiter auf allgemeine didaktische Überlegungen und Theorien zur Begabtenförderung ein, auch wenn das Literaturverzeichnis für den interessierten Leser eine Auswahl einschlägiger didaktikorientierter Publikationen enthält.

Von zentraler Bedeutung sind die Aufgaben und deren Musterlösungen. Der Fokus liegt jedoch auch auf den erlernten und zur Bewältigung der Aufgaben notwendigen mathematischen Methoden und Techniken, wobei im Sinne der Nachhaltigkeit der zweite Aspekt mindestens ebenso wichtig ist wie der erste. Damit unterscheidet sich dieses *essential* grundlegend von manchen reinen Aufgabensammlungen, die interessante und keineswegs triviale Mathematikaufgaben „zum Knobeln“ enthalten, bei denen aus unserer Sicht aber das gezielte Erlernen und Anwenden mathematischer Techniken zu kurz kommen. Dieses *essential* besteht aus sorgfältig ausgearbeiteten Lerneinheiten, die neben den Aufgaben und den mathematischen Techniken ausführliche Musterlösungen enthalten. Hinzu kommen konkrete didaktische Anregungen zur Umsetzung in einer Begabten-AG, einem Lernzirkel, einem Förderkurs oder für eine individuelle Förderung. Der Erzählkontext ist der neuen Zielgruppe angepasst, und die mathematischen Techniken sind der Altersstufe und dem Reifegrad der Schüler entsprechend anspruchsvoller.

Die Arbeit mit diesem *essential* setzt keine besonderen Mathematiklehrbücher in der Grundschule oder der Unterstufe voraus. Allerdings wird in mehreren Kapiteln dieses *essentials* und des Folgebands die Fähigkeit benötigt, einfache Gleichungen umzuformen. Das dürfte für Schüler der Klassenstufe 5 und eventuell auch der Klasenstufe 6 Neuland sein, sofern diese nicht über sogenannte „Drehtürmodelle“ am Unterricht höherer Klassenstufen teilnehmen bzw. teilgenommen haben. Für diese Schüler kann ein kurzer „Steilkurs“ im Gleichungslösen notwendig sein. Da es sich um mathematisch begabte und interessierte Schüler handelt, sollte dies aber kein größeres Hindernis darstellen.

Im Mathematikunterricht benötigen leistungsstarke Schüler normalerweise nur wenig Ausdauer, um die gestellten Aufgaben zu lösen. Das geht meist ziemlich

„straight forward", und oft langweilen sich die Kinder nach kurzer Zeit. Es erschien den Autoren wenig sinnvoll, lediglich etwas kompliziertere Aufgabenstellungen als im Schulunterricht zu besprechen. Stattdessen enthält dieses Buch Aufgaben, die im normalen Schulunterricht kaum Vorbilder haben und die das mathematische Denken der Schüler fördern. Von einigen einführenden Aufgaben einmal abgesehen, werden auch begabte Schüler kaum Aufgaben finden, die sie „einfach so" lösen können. Die Aufgaben stellen für sie auch in dieser Hinsicht eine neue Herausforderung dar.

Die Schüler werden in den Aufgabenkapiteln hingeführt, die Lösungen möglichst selbstständig (wohl aber mit gezielter Hilfe des Kursleiters!) zu erarbeiten. Die Lösung der gestellten Aufgaben erfordert ein hohes Maß an mathematischer Phantasie und Kreativität, die durch die Beschäftigung mit mathematischen Problemen gefördert werden. Die Schüler machen sehr schnell die Erfahrung, dass Mathematik mehr als nur Rechnen oder das Anwenden mehr oder minder komplizierter „Kochrezepte" ist.

Drei Kapitel beginnen mit sogenannten „alten MaRT-Fällen" (vgl. Abschn. 1.3). Dies sind relativ schwierige Anwendungsaufgaben, zu deren Lösung man die mathematischen Techniken benötigt, die in diesen Kapiteln erarbeitet werden. Die alten MaRT-Fälle werden am Ende des jeweiligen Kapitels gelöst, nachdem die Schüler die neuen Methoden verstanden und an einfacheren Beispielen eingeübt haben. Kap. 2 behandelt das Schubfachprinzip, eine Beweismethode, die in unterschiedlichen mathematischen Gebieten nutzbringend eingesetzt wird. Die Schüler lernen das Schubfachprinzip in unterschiedlichen Anwendungskontexten kennen, auch um einen Eindruck von der vielseitigen Anwendbarkeit dieses Beweisverfahrens zu erhalten. Die Hauptschwierigkeit besteht normalerweise darin, geeignete „Schubfächer" zu definieren. Für Schüler, die die Mathematischen Geschichten I und II (Schindler-Tschirner und Schindler 2019a, b) nicht kennen, stellt dieses Kapitel sicher eine Überraschung dar, weil hier nicht „gerechnet" wird, sondern Beweise geführt werden. Das Führen von Beweisen ist das verbindende Element aller vier *essentials*-Bände. Die zentrale Bedeutung von Beweisen in der Mathematik wird in allen Bänden herausgearbeitet. Kap. 3 enthält unterschiedliche Bewegungsaufgaben, in denen konstante Geschwindigkeiten und Durchschnittsgeschwindigkeiten auftreten. Die Schüler lernen, Gleichungen aufzustellen und diese zu lösen. In Kap. 4 lernen die Schüler zunächst, was beschränkte konvexe Polyeder sind. Dann wird der Eulersche Polyedersatz eingeführt, den die Schüler mehrfach anwenden. Bei der Lösung des alten MaRT-Falls mit kriminalistischem Hintergrund verwenden die Schüler den Eulerschen Polyedersatz, um zu beweisen, dass ein bestimmter Polyeder nicht existieren kann. Kap. 5 setzt Kap. 4 fort. Der Eulersche Polyedersatz wird in zwei komplexeren Aufgabenstellungen angewandt. Dabei nehmen die platonischen Körper einen breiten Raum ein, die bereits Euklid beschrieben hat und deren

Bedeutung über die Mathematik hinausgeht. Kap. 6 und 7 führen in die Kombinatorik ein. Kap. 6 behandelt Permutationen und Anordnungen, und in Kap. 7 werden verschiedene Urnenmodelle besprochen (Ziehen mit Zurücklegen mit geordneten Stichproben, Ziehen ohne Zurücklegen mit geordneten und mit ungeordneten Stichproben). Tab. II.1 gibt eine Übersicht, welche mathematischen Techniken in den einzelnen Kapiteln erlernt werden. In den Musterlösungen bieten die „Mathematischen Ziele und Ausblicke" einen Blick über den Tellerrand.

Die Aufgaben sollen die mathematische Kreativität fördern und die Schüler anleiten, eigene Ideen zu entwickeln, auszuprobieren und zu modifizieren. Für weitergehenden Erfolg in der Mathematik ist es wichtig, bekannte Strukturen auch in modifizierter Form wiederzuerkennen und eine Frustrationstoleranz aufzubauen, um nach erfolglosen Lösungsansätzen „die Flinte nicht zu früh ins Korn zu werfen." Unverzichtbar sind „Softskills" wie Geduld, Ausdauer und Zähigkeit. Diese Eigenschaften werden in der Begabtenforschung bereits für die Grundschule als bedeutsam angesehen; vgl. Abschn. 13.3 und 13.6 in (Käpnick 2014). Die Referenz (Fritzlar et al. 2006, S. 6), visualisiert ein Modell zur Entwicklung mathematischer Begabungen im 5. und 6. Schuljahr. Blickt man weit in die Zukunft, fördern und unterstützen die Lerneinheiten des vorliegenden *essentials* die Fähigkeiten der Schüler für eine spätere Beschäftigung mit Mathematik und anderen MINT-Fächern.

Die in diesem *essential* erlernten mathematischen Methoden und Techniken erweisen sich bei Mathematikwettbewerben der Unter- und Mittelstufe (und vereinzelt sogar der Oberstufe) und zur Wettbewerbsvorbereitung als sehr nützlich, etwa bei der alljährlich stattfindenden Mathematikolympiade mit klassenspezifischen Aufgaben (Mathematik-Olympiaden e. V. 1996–2016, 2017–2020), bei diversen Landeswettbewerben und beim Bundeswettbewerb Mathematik (Specht et al. 2020), wobei sich letzterer vorwiegend an Schüler der Ober- und eventuell auch der Mittelstufe richtet. Daneben existieren weitere regionale Wettbewerbe wie die Fürther Mathematik-Olympiaden (Jainta et al. 2018; Jainta und Andrews 2020a, b; Verein Fürther Mathematik-Olympiade e. V. 2013). Der Känguru-Wettbewerb (Noack et al. 2014) und (Unger et al. 2020) hat mit Abstand die meisten Teilnehmer, auch wenn seine Aufgabenstruktur (Multiple-Choice) ungewöhnlich ist. Neben den Einzelwettbewerben gibt es verschiedene Teamwettbewerbe wie z. B. Mathematik ohne Grenzen oder die Mathenacht. Nähere Angaben zu diesen Wettbewerben, ihren Zielgruppen und zum Ablauf findet der interessierte Leser u. a. auf der Webseite der Deutschen Mathematiker-Vereinigung (Deutschen Mathematiker-Vereinigung 2021).

Wie in diesem *essential* liegt der Fokus in (Löh et al. 2019) und (Meier 2003) auf dem Erlernen neuer mathematischer Methoden und auf dem Lösen von Aufgaben. Beide Bücher sprechen vornehmlich ältere Schüler an, aber mit Anleitung können Teile auch von leistungsstarken Schülern der Unterstufe bearbeitet werden. Die Referenzen (Beutelspacher 2020; Enzensberger 2018; Gritzmann und Brandenberg 2005) und (Singh 2001) bieten interessante Einblicke in ausgewählte Aspekte der Mathematik in Erzählform und laden zum Schmökern ein. Hervorheben möchten wir Monoid, eine Mathematikzeitschrift für Schülerinnen und Schüler, die von der Universität Mainz herausgegeben wird (Institut für Mathematik der Johannes-Gutenberg-Universität Mainz, Monoid-Redaktion 1981–2021). Pro Jahr erscheinen vier Ausgaben, die neben Aufgaben (für die Klassenstufen 5–8 und 9–13) auch Aufsätze zu mathematischen Themen enthalten.

Beide Autoren haben erlebt, dass bei überregionalen Wettbewerben ab der Mittelstufe meist eine Vielzahl der Teilnehmer von nur wenigen Schulen stammte. Dabei ließ sich feststellen, dass an diesen Schulen häufig Mathematik gezielt durch AGs oder andere Initiativen gefördert wurde. Die Begabtenförderung liegt uns als ehemaligen Stipendiaten der Studienstiftung des deutschen Volkes besonders am Herzen. Daher möchten wir durch unsere *essential*-Bände die Begabtenförderung in der Unterstufe unterstützen und Freude und Begeisterung an der Mathematik wecken und fördern.

1.2 Didaktische Anmerkungen

Wie bereits ausführlich besprochen, besteht Teil I aus sechs Aufgabenkapiteln. In jedem Kapitel leitet eine Mentorin oder ein Mentor Anna und Bernd (und damit die Schüler). Dies geschieht in Erzählform (meist im Dialog mit Anna und Bernd) und natürlich durch die gestellten Übungsaufgaben.

Teil II besteht aus sechs Kapiteln mit ausführlichen Musterlösungen zu den Aufgaben aus Teil I mit didaktischen Hinweisen und Anregungen zur Umsetzung in einer Begabten-AG, einem Lernzirkel oder zu einer individuellen Förderung. Die aufgezeigten Lösungswege sind so konzipiert, dass sie zumindest weitestgehend auch für Nicht-Mathematiker nachvollziehbar und verständlich sind. Die Musterlösungen sind nicht originär für die Schüler bestimmt. Außerdem werden die mathematischen Ziele der jeweiligen Kapitel erläutert, und Ausblicke zeigen auf, wo die erlernten mathematischen Techniken in der Mathematik zur Anwendung kommen. Zuweilen findet man auch historische Anmerkungen, und in einem Kapitel werden Bezüge zur Chemie hergestellt.

Der Auswahl der AG-Teilnehmer kommt eine große Bedeutung zu. Ihre Leistungsfähigkeit sollte realistisch eingeschätzt werden. Eine dauerhafte Überforderung kombiniert mit einer (zumindest gefühlten) Erfolglosigkeit könnte zu nachhaltiger Frustration führen und damit langfristig zu einer negativen Einstellung zur

Mathematik. Es ist sehr wichtig, den Schülern von Beginn an (wiederholt) zu erklären, dass auch von sehr leistungsstarken Schülern keineswegs erwartet wird, dass sie alle Aufgaben selbstständig lösen können. Auch die Protagonisten Anna und Bernd benötigen gelegentlich Hilfe und können nicht alle Teilaufgaben lösen.

Die Kap. 2 bis 7 bestehen aus vielen Teilaufgaben, deren Schwierigkeitsgrad normalerweise ansteigt. Leistungsschwächere Schüler sollten bevorzugt die einfacheren Teilaufgaben bearbeiten. Der Kursleiter sollte den Schülern genügend Zeit einräumen, eigene Lösungswege zu entdecken (gegebenenfalls mit Hilfestellung) und auch Lösungsansätze zu verfolgen, die nicht den Musterlösungen entsprechen. Dem Erfassen und Verstehen der Lösungsstrategien durch die Schüler sollte in jedem Fall Vorrang vor dem Ziel eingeräumt werden, möglichst alle Teilaufgaben zu „schaffen". Jeder Schüler sollte regelmäßig die Gelegenheit erhalten, seine Lösungsansätze bzw. seine Lösungen vor den anderen Teilnehmern zu präsentieren. Dadurch wird nicht nur die eigene Lösungsstrategie nochmals reflektiert, sondern auch so wichtige Kompetenzen wie eine klare Darstellung der eigenen Überlegungen und mathematisches Argumentieren und Beweisen geübt. Das Arbeiten in Kleingruppen erscheint zumindest bei einigen schwierigen Aufgaben sinnvoll. Die einzelnen Kapitel dürften in der Regel zwei oder drei Kurstreffen erfordern.

Es ist kaum möglich, Aufgaben zu entwickeln, die optimal auf die Bedürfnisse jeder Mathematik-AG oder jedes Förderkurses zugeschnitten sind. Es liegt im Ermessen des Kursleiters, Teilaufgaben wegzulassen, eigene Teilaufgaben hinzuzufügen und die Teilaufgaben individuell zu vergeben. Hierauf wird in den Musterlösungen an verschiedenen Stellen auch explizit hingewiesen. So kann der Kursleiter den Schwierigkeitsgrad in einem gewissen Rahmen beeinflussen und der Leistungsfähigkeit seiner Kursteilnehmer anpassen. Es ist zu erwarten, dass die Schüler der Klassenstufe 7 aufgrund ihrer größeren intellektuellen Reife den Schülern aus den Klassenstufen 5 und 6 überlegen sind. Der Kursleiter sollte diese Effekte im Auge behalten und bei der Vergabe der Teilaufgaben berücksichtigen.

1.3 Der Erzählrahmen

Die Abkürzung CBJMM steht für den ‚Club der begeisterten jungen Mathematikerinnen und Mathematiker'. In den CBJMM darf man frühestens eintreten, wenn man die fünfte Klasse besucht. Vor ein paar Jahren gab es eine Ausnahme. Nachdem sie ihre mathematische Ausdauer und Begabung unter Beweis gestellt hatten, wurden Anna und Bernd in den CBJMM als Mitglieder aufgenommen, obwohl sie damals erst in die dritte Klasse gingen. In den Mathematischen Geschichten I und II (Schindler-Tschirner und Schindler 2019a, b) mussten sie dazu dem Zauberlehrling

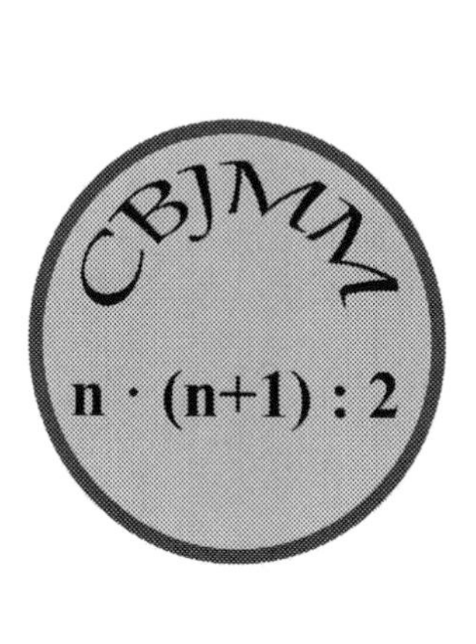

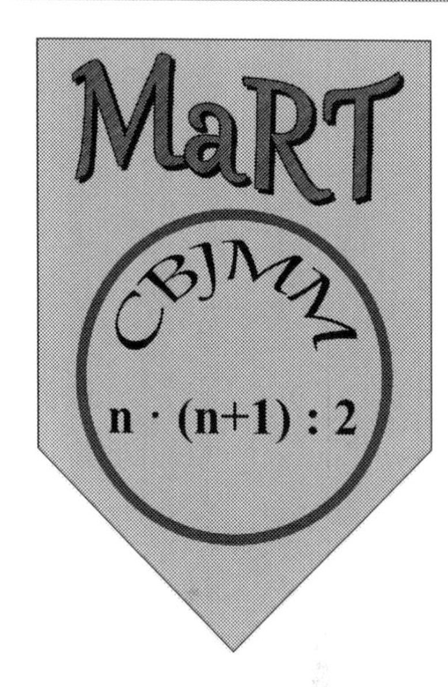

Abb. 1.1 Links ist das Wappen des CBJMM. MaRT-Mitglieder dürfen ein Wappen mit dem Zusatz „MaRT" tragen

Clemens, dem Clubmaskottchen des CBJMM, in zwölf Kapiteln helfen, mathematische Abenteuer zu bestehen (d. h. Aufgaben zu lösen), um an begehrte Zauberutensilien (z. B. einen Zauberstab oder ein Quäntchen Drachensalbe) zu gelangen.

Innerhalb des CBJMM gibt es eine „Mathematische Rettungstruppe", kurz MaRT, die Aufträge übernimmt, um Hilfesuchenden bei wichtigen und schwierigen mathematischen Problemen zu helfen. In die MaRT werden nur besonders gute und erfahrene Mathematikerinnen und Mathematiker des CBJMM aufgenommen, was aber eigentlich erst ab Klasse 7 möglich ist. Anna und Bernd sind inzwischen in der 5. Klasse. Sie möchten bereits jetzt Mitglied in der MaRT werden und fragen den Clubvorsitzenden des CBJMM, Carl Friedrich, ob nicht vielleicht wieder eine Ausnahme möglich ist.

Carl Friedrich stimmt zu, aber Anna und Bernd müssen sich wie bereits für die Aufnahme in den CBJMM zunächst bewähren. Dies geschieht zum Teil an bereits gelösten alten Fällen der MaRT. Dabei lernen Anna und Bernd neue mathematische Techniken kennen und anzuwenden. Verschiedene Mentoren, allesamt Mitglieder der MaRT, geben Anna und Bernd Hilfestellung und leiten sie an. Damit übernehmen die Mentoren die Aufgabe der Phantasiefiguren in den Bänden I und II (Abb. 1.1).

Teil I
Aufgaben

Es folgen 6 Kapitel mit Aufgaben, in denen neue mathematische Begriffe und Techniken eingeführt werden. Die Mentoren und die gestellten Teilaufgaben (und natürlich der Kursleiter!) leiten die Schüler auf den richtigen Lösungsweg. Jedes Kapitel endet mit einem Abschnitt, der das soeben Erlernte aus der Sicht von Anna und Bernd beschreibt. Mit einer kurzen Zusammenfassung, was die Schüler in diesem Kapitel gelernt haben, tritt dieser Abschnitt am Ende aus dem Erzählrahmen heraus. Diese Beschreibung erfolgt nicht in Fachtermini wie in Tab. II.1, sondern in schülergerechter Sprache.

2 Wohin die Tauben fliegen

„Hallo Anna und Bernd. Ich weiß von Carl Friedrich, dass ihr in die MaRT aufgenommen werden möchtet. In eurem Alter ist das ein ehrgeiziges Ziel. Ich bin Gustav, euer erster Mentor. Heute lernt ihr eine neue mathematische Beweistechnik kennen, aber zuerst schildere ich euch einen alten MaRT-Fall. Mal sehen, ob ihr den lösen könnt. Ich werde Carl Friedrich berichten, wie es gelaufen ist."

Alter MaRT-Fall Im vergangenen April kam Karl Eloquens zu uns, das ist der Vorsitzende des Debattierklubs „Scharfe Zunge" an unserer Schule. Vielleicht habt ihr ja schon von dem Debattierklub gehört. Immerhin hat er 51 Mitglieder. Ein neues Mitglied, Peter Sponsio, hatte Karl die folgende Wette vorgeschlagen: Aus den insgesamt 51 Klubmitgliedern sollten per Losentscheid 27 Mitglieder (also eine 27-elementige Teilmenge) zufällig ausgewählt werden. Peter Sponsio wollte 10 EUR darauf setzen, dass es unter diesen 27 Mitgliedern mindestens zwei gibt, die innerhalb dieser Gruppe die gleiche Anzahl an Freunden haben. (Wenn ein Mitglied des Debattierklubs ein anderes als Freund betrachtet, gilt das auch umgekehrt.) Karls Wetteinsatz wäre nur 1 EUR gewesen. Karl Eloquens wusste, dass die Mitglieder seines Klubs durchaus zerstritten sind, sodass nicht mit allzu vielen Freunden zu rechnen ist. Andererseits lockte ihn der Gewinn von 10 EUR doch sehr. Da Peter Sponsio als (cleveres) Schlitzohr bekannt ist, das gerne und erfolgreich wettet, wurde Karl misstrauisch und hat die MaRT um Rat gefragt.

„Was denkt ihr, haben wir Karl geraten? Sollte er die Wette annehmen oder lieber nicht?" „Bevor ihr richtig loslegt, erkläre ich euch zuerst ein paar Begriffe, die ihr noch brauchen werdet. Mathematiker sprechen übrigens von Definitionen."

S. Schindler-Tschirner und W. Schindler, *Mathematische Geschichten III – Eulerscher Polyedersatz, Schubfachprinzip und Beweise*, essentials

Definition 2.1 $1, 2, 3, \ldots$ sind *natürliche Zahlen*. Wir schreiben $M = \{a, b\}$, falls die Menge M aus den zwei Elementen a und b besteht. Umgekehrt bedeutet $a \in M$, dass a ein Element von M ist. Enthält M kein Element, nennt man $M = \{\}$ die *leere Menge*. Eine Menge M_1 heißt *Teilmenge* von M, wenn jedes Element aus M_1 auch in M enthalten ist. Die Menge $\mathbb{N} = \{1, 2, 3, \ldots\}$ ist die Menge der natürlichen Zahlen.

„Zurück zum alten MaRT-Fall: Vielleicht können wir alle Möglichkeiten ausprobieren, die es gibt. Dann wüssten wir ja die Antwort.", schlägt Anna vor. „Das sind doch viel zu viele", wirft Bernd ein. „Stimmt, da hast Du leider Recht, Bernd", räumt Anna ein und sagt nach kurzem Nachdenken: „Lass uns erst einmal kleine Teilmengen von Klubmitgliedern untersuchen. Vielleicht bekommen wir dabei eine Idee, wie sich das verhält, wenn man eine Teilmenge von 27 Mitgliedern auswählt. Fangen wir doch mit Teilmengen aus 2 und 3 Mitgliedern an. Die Mitglieder nennen wir dann der Einfachheit halber A und B bzw. A, B und C." „Das machen wir", stimmt Bernd zu.

Anna erklärt: „Der Fall mit 2 Mitgliedern ist einfach: Entweder A und B sind befreundet, oder sie sind es nicht. Im ersten Fall haben beide einen Freund, im zweiten Fall beide keinen." „Wären in dieser Wette also nicht 27, sondern nur 2 Mitglieder zufällig ausgewählt worden, hätte Peter die Wette in jeden Fall gewonnen", bestätigt Bernd. „Wie sich das wohl bei größeren Teilmengen verhält?"

a) Untersuche den Fall, dass nur drei Mitglieder (anstatt 27) zufällig ausgewählt werden. Erfasse dabei alle möglichen (Freund/kein Freund)-Kombinationen. Wie viele Kombinationen gibt es?

„Das war schon mühsamer, aber immerhin wissen wir jetzt, dass Karl auch bei Teilmengen aus 3 Personen immer verloren hätte. Teilmengen aus 4 Personen bekommen wir sicher auch noch hin", meint Bernd. „Halt!", unterbricht sie Gustav. „Bei 27 Personen könnt ihr das nicht. Demnächst werdet ihr ausrechnen, wieviele (Freund/kein Freund)-Kombinationen ihr da berücksichtigen müsstet, aber das machen wir nicht heute.

Heute lernt ihr eine wichtige Beweismethode kennen, nämlich das *Schubfachprinzip*. Ich vermute, dass ihr davon noch nichts gehört habt." „Stimmt", sagen Anna und Bernd fast gleichzeitig.

Gustav erklärt: „In seiner einfachsten Form lautet das Schubfachprinzip so:"

Schubfachprinzip: Wenn man $n + 1$ Kugeln in n Schubfächer legt, enthält (mindestens) ein Schubfach (mindestens) zwei Kugeln.

„Das hört sich ganz simpel an, aber das Schubfachprinzip ist oft sehr nützlich. Dabei bezeichnet n eine natürliche Zahl, z. B. kann $n = 4$ oder $n = 5$ sein. Wie ihr wisst, bezeichnet man $1, 2, 3, \ldots$ als natürliche Zahlen."

„Übrigens lässt man die beiden (mindestens)-Klammern normalerweise weg. Wenn Mathematiker sagen, dass ein Objekt mit einer bestimmten Eigenschaft existiert, also zum Beispiel ein mehrfach belegtes Schubfach, meinen sie damit, dass mindestens ein solches Objekt existiert, vielleicht aber auch mehrere. Sonst sagen sie, dass genau ein solches Objekt existiert."

„Wir haben schon bei der Aufnahme in den CBJMM gelernt, dass man in der Mathematik häufig Buchstaben verwendet, um Sachverhalte möglichst allgemein auszudrücken. Sonst müsste das Schubfachprinzip ja für jede natürliche Zahl neu formuliert werden", bemerkt Bernd.

Gustav fährt fort: „ Im Englischen bezeichnet man das Schubfachprinzip übrigens als ‚pigeonhole principle'. Übersetzt heißt das ‚Taubenschlagprinzip'. Wir üben das Schubfachprinzip zunächst an ein paar einfachen Beispielen ein."

b) Formuliere das Schubfachprinzip für den Spezialfall $n = 5$.
c) In einem Raum sitzen 8 Personen. Beweise, dass es zwei Personen gibt, die am gleichen Wochentag geboren sind. Was sind hier die Schubfächer?
d) An einer Silvesterfeier im Jahr 1980 haben 150 Personen teilgenommen. Beweise, dass mindestens zwei Gäste im gleichen Jahr geboren worden waren.

„Anna und Bernd, jetzt seid ihr fit genug, um den alten MaRT-Fall zu lösen."

e) (Alter MaRT-Fall) Beweise, dass Karl Eloquens die Wette in jedem Fall verloren hätte. (Zur Erinnerung: Zwei Mitglieder sind entweder Freunde oder sie sind es nicht.)

„Diese Aufgabe war aber schon schwerer als die vorhergehenden", meint Anna. Bernd sagt: „Zum Glück haben wir es schließlich doch geschafft." Gustav sagt: „Teilaufgabe f) verallgemeinert e) auf beliebige Teilmengengrößen. Und dann habe ich noch zwei Aufgaben mitgebracht, damit ihr seht, wie nützlich das Schubfachprinzip ist. Das Schwierigste dabei ist, die ‚Schubfächer' geeignet zu definieren."

f) Löse Teilaufgabe e) für beliebige k-elementige Teilmengen, wobei $k \in \{2, \ldots, 51\}$ ist.
g) In einem rechteckigen Blumenbeet stehen 25 Sonnenblumen. Das Beet ist 6 m lang und 4 m breit. Beweise, dass ein Quadrat der Seitenlänge 1 existiert, in dem

mindestens zwei Sonnenblumen stehen. (Der Durchmesser der Sonnenblumenstängel kann dabei vernachlässigt werden.)

h) Beweise: Jede 11-elementige Teilmenge von $M = \{1, 2, \ldots, 20\}$ enthält zwei Zahlen, deren Summe 21 ergibt.

Der Nachmittag neigt sich dem Ende zu, und Gustav sagt: „Für heute sind wir fertig. Aber das Schubfachprinzip wird euch sicher noch häufiger begegnen. Ich werde Carl Friedrich berichten, dass ihr richtig gut wart."

Anna, Bernd und die Schüler

„Ich bin ziemlich erschöpft. Vom Schubfachprinzip hatte ich noch nie etwas gehört. Aber es hat mir wirklich Spaß gemacht, Bernd." „ Ja, Anna, mir auch. Wir haben wieder Beweise geführt. Mit einem Beweis hatte unsere Aufnahmeprüfung in den CBJMM ja auch begonnen. Erinnerst Du dich noch?"

Was ich in diesem Kapitel gelernt habe

- Ich habe das Schubfachprinzip kennengelernt.
- Ich habe Beweise geführt.
- Das Schubfachprinzip kann man auf sehr unterschiedliche Aufgaben anwenden.

Bewegung ist gesund

3

„Ich bin Velocita, ich bin heute eure Mentorin. Ihr macht doch sicher gerne Sport, oder? Auch in der Mathematik können wir uns mit Bewegungen beschäftigen. Bewegungsaufgaben sind meine Leidenschaft", eröffnet Velocita den Nachmittag.

„Wir werden uns mit Aufgaben befassen, bei denen sich die Beteiligten mit konstanter Geschwindigkeit fortbewegen. Wie ihr vielleicht schon wisst, gilt dann die folgende Formel:"

$$v = \frac{s}{t} \tag{3.1}$$

„Dabei bezeichnet der Buchstabe v die Geschwindigkeit, s die zurückgelegte Strecke und t die Zeit, die dafür benötigt wird. Ihr wisst ja schon, dass Mathematiker Dinge gerne möglichst allgemein ausdrücken. Es wird übrigens deutlich schwieriger, wenn sich Geschwindigkeiten im Lauf der Zeit ändern. Wenn wir uns aber nur für die Durchschnittsgeschwindigkeit interessieren, gilt (3.1) aber immer noch", erklärt Velocita.

a) Katharina fährt mit ihrem Fahrrad in 2 h genau 42 km. Wie schnell ist Katharina (durchschnittlich) gefahren?
b) Paul benötigt für einen 400m-Lauf 62 s. Wie hoch war seine Durchschnittsgeschwindigkeit?
c) Rechne die Geschwindigkeit aus Teilaufgabe a) von km/h (Kilometer pro Stunde) in m/sec (Meter pro Sekunde) um. Gib die Geschwindigkeit aus Teilaufgabe b) in km/h an.

„Manchmal sind nicht s und t, sondern v und t oder aber v und s bekannt", fährt Velocita fort. „Aber auch dann bestimmen die beiden bekannten Größen die dritte eindeutig. Dazu müsst ihr nur (3.1) nach der gesuchten Größe umstellen. Wisst Ihr, wie man das macht, Anna und Bernd?"

S. Schindler-Tschirner und W. Schindler, *Mathematische Geschichten III – Eulerscher Polyedersatz, Schubfachprinzip und Beweise, essentials,*

„Ja, Velocita“, antwortet Bernd, „das haben wir erst neulich gelernt.“ „Gut, dann hilf mir bitte, Gleichung (3.1) nach s umzustellen.“

„Dazu multipliziert man die Gleichung (3.1) auf beiden Seiten mit t. Aus (3.1) erhält man dann“

$$vt = \frac{s}{t} \cdot t \qquad \text{und damit} \qquad vt = s \tag{3.2}$$

erklärt Bernd. „Wenn man auf beiden Seiten einer Gleichung das gleiche tut, also zum Beispiel auf beide Seiten den gleichen Wert addiert oder subtrahiert oder beide Seiten mit dem gleichen Wert multipliziert oder dividiert, bleibt die Gleichung richtig“, fügt Anna hinzu und löst gleich die nächste Aufgabe, die Velocita gestellt hat. „Teilt man beide Seiten von Gleichung (3.2) durch v, erhält man die gesuchte Formel für t:“

$$\frac{vt}{v} = \frac{s}{v} \qquad \text{und damit} \qquad t = \frac{s}{v} \tag{3.3}$$

„Sehr gut“, lobt Velocita. „Zur Herleitung von (3.3) kann man übrigens auch (3.1) mit $\frac{t}{v}$ multiplizieren. Aber auch deine Lösung ist einwandfrei.“

d) Herr Grün ist mit seinem Auto auf der Autobahn 3 h lang konstant 120 km/h gefahren. Welche Strecke hat Herr Grün zurückgelegt?
e) Wie lange ist ein Radfahrer unterwegs, wenn er einen Rundkurs der Länge 55 km mit einer konstanten Geschwindigkeit von 20 km/h fährt?

„Ich sehe, dass ihr beide bestens für die nächsten Aufgaben gerüstet seid. Weiter geht's“, ermuntert Velocita.

f) A-Dorf und B-Dorf sind 60 km entfernt. Ein Autofahrer startet um 13.00 Uhr in A-Dorf in Richtung B-Dorf, und der andere fährt zur gleichen Zeit von B-Dorf nach A-Dorf. Wo treffen sich die beiden Autos, wenn das Auto, das in A-Dorf startet, doppelt so schnell fährt wie das andere?
g) Die Freundinnen Merle und Clara fahren mit ihren Fahrrädern um die Wette. Nach dem Rennen stellt sich heraus, dass Merle im Durchschnitt $v_1 = 24$ km/h und Clara $v_2 = 27$ km/h schnell gefahren ist. Obwohl Clara ihrer Freundin Merle 4 min Vorsprung gegeben hatte, war sie 2 min früher im Ziel. Wie lang ist die Rennstrecke?
h) An jedem Sonntagmorgen macht Antonia einen Waldlauf. Ihre Laufstrecke ist 8 km lang. Am vorletzten Sonntag hat Antonia bei der Hälfte der Strecke festgestellt, dass sie bis dahin im Durchschnitt 6 km/h schnell war. Wie schnell muss sie auf der zweiten Streckenhälfte (durchschnittlich) laufen, um für die gesamte Strecke eine Durchschnittsgeschwindigkeit von 8 km/h zu erreichen?

i) Zwei Züge fahren auf benachbarten Gleisen einander entgegen. Wie viele Sekunden dauert der Passiervorgang, wenn der erste Zug 170 m lang und 185 km/h schnell ist, während der zweite Zug eine Länge von 230 m hat und sich mit 135 km/h fortbewegt? (Gesucht ist die Zeit zwischen den Zeitpunkten, an denen sich die beiden Lokomotiven bzw. die beiden Zugenden treffen.)

„Für heute ist Zeit, aufzuhören. Ihr habt verschiedene Bewegungsaufgaben bearbeitet und erfolgreich gelöst. Es ist schwierig, allgemeine Regeln zu formulieren, wie man solche Aufgaben lösen kann. Letztlich nutzt man die Formel (3.1) oder die daraus abgeleiteten Formeln (3.2) und (3.3), um aus den Besonderheiten der Aufgabe eine oder mehrere Gleichungen herzuleiten, die man dann löst. Bei Teilaufgabe i) musste man erkennen, dass die Zugenden während der Passierphase zusammen eine Strecke zurücklegen, die der Länge der beiden Züge entspricht. Und bei der Waldlaufaufgabe war der Schlüssel, zu erkennen, dass die Gesamtlaufzeit die Durchschnittsgeschwindigkeit bestimmt“, beschließt Velocita den Nachmittag.

Anna, Bernd und die Schüler

„Das waren interessante Anwendungsaufgaben. Wir haben jetzt noch mehr Erfahrung im Umgang mit Gleichungen“, meint Anna. „Stimmt“, nickt Bernd zustimmend. „Jetzt gehen wir erst einmal nach draußen und bewegen uns! Vielleicht fallen uns dabei noch mehr Bewegungsaufgaben ein.“

Was ich in diesem Kapitel gelernt habe

- Ich habe verschiedene Typen von Bewegungsaufgaben kennengelernt.
- Ich kann Gleichungen umstellen.
- Ich habe selbst Gleichungen aufgestellt, die ich dann gelöst habe.

Ecken und Kanten 4

„Carl Friedrich, du?" „Ja, Anna und Bernd. Heute und beim nächsten Mal bin ich euer Mentor. Ich habe schon gehört, dass ihr bisher ziemlich erfolgreich wart. Heute und bei unserem nächsten Treffen wird es aber richtig Ernst. Aber keine Sorge! Zusammen bekommen wir das hin. Zuerst schildere ich euch einen alten MaRT-Fall, den ihr lösen sollt. Ich werde euch dabei helfen."

Alter MaRT-Fall Dem Museumsdirektor René Antikus wurde für sehr viel Geld eine Schriftrolle samt Schatzkarte zum Kauf angeboten, die angeblich aus dem 17. Jahrhundert stammten. Die Schriftrolle berichtete von einem verschollenen Riesendiamanten. Die Oberfläche des geschliffenen Riesendiamanten bestand angeblich nur aus 7-Ecken, wobei an jeder Ecke des Diamanten sieben 7-Ecke zusammentrafen. Insgesamt waren es 28 Siebenecke. Allerdings war die Zahl 28 nicht gut lesbar; es könnte auch eine andere Zahl da gestanden haben. Außerdem war dieser Diamant konvex, hatte also keine Einbuchtungen. Die Schriftrolle selbst und natürlich erst der Fund des verschollenen Riesendiamanten wären eine historische Sensation gewesen. Der Museumsdirektor war aber misstrauisch, weil er noch nie von diesem Diamanten gehört hatte. Er vermutete, dass die Schriftrolle nur eine gute Fälschung war. Weil René Antikus sich die Form dieses Diamanten nicht vorstellen konnte und weil dies ein geometrisches Problem ist, ist er im letzten Jahr zur MaRT gekommen und hat uns um Rat gefragt.

„Wir tasten uns langsam an den alten MaRT-Fall heran. Zuerst müsen wir einige Begriffe klären", fährt Carl Friedrich fort. „Ihr habt doch im Geometrieunterricht sicher schon Dreiecke und Vierecke gezeichnet, nicht wahr?" „Ja, und neulich sogar ein regelmäßiges Sechseck", antwortet Anna ein bisschen stolz. „Das sind Beispiele für Vielecke. Ein Vieleck ist in einer Ebene enthalten und wird durch einen geschlossenen Streckenzug aus endlich vielen Strecken begrenzt. Die Endpunkte

S. Schindler-Tschirner und W. Schindler, *Mathematische Geschichten III – Eulerscher Polyedersatz, Schubfachprinzip und Beweise, essentials,*

der Strecken sind die Eckpunkte des Vielecks, genau wie ihr das von den Dreiecken, Vierecken und Sechsecken kennt", erklärt Carl Friedrich.

Definition 4.1 Besitzt ein Vieleck n Ecken ($n \geq 3$), spricht man von einem n-*Eck*. Ein n-Eck heißt *regelmäßig,* falls alle n Seiten gleich lang und die Innenwinkel an allen n Ecken gleich groß sind.

a) Zeichne ein regelmäßiges Viereck und drei nicht-regelmäßige Vierecke.

„Ihr wisst doch, was ein Körper ist, nicht wahr?" „Kugeln, Quader und Pyramiden sind Körper", weiß Anna. „Prismen, Kegel und Halbkugeln auch", ergänzt Bernd. „Ihr kennt ja schon viele Körper", lobt Carl Friedrich.

„Es gibt sehr unterschiedliche Körper. Allgemein gilt, dass Körper durch endlich viele ebene oder gekrümmte Flächen von allen Seiten begrenzt sind. Zum Körper gehören die Begrenzungsflächen und der hiervon eingeschlossene Raum, genau wie ihr das von euren Beispielen kennt. Außerdem ist ein Körper nicht in einer Ebene enthalten. Das bedeutet, dass ein Körper nicht ‚platt' ist", erklärt Carl Friedrich.

„Körper sind beschränkte Teilmengen im dreidimensionalen Raum. Das bedeutet anschaulich, dass man jeden Körper in eine würfelförmige Schachtel packen könnte, wenn die nur groß genug ist. Man könnte meinen, dass das selbstverständlich ist, aber für eine Gerade geht das beispielsweise nicht. Geraden sind nicht beschränkt."

Definition 4.2 Ein Körper heißt *konvex,* falls für zwei beliebige Punkte, die in diesem Körper enthalten sind, auch deren gesamte Verbindungsstrecke zum Körper gehört.

b) Gib mehrere konvexe und nicht-konvexe Körper an oder beschreibe Sie.

Anna und Bernd denken angestrengt über den alten MaRT-Fall nach, aber nach ein paar Minuten sagt Bernd: „Ich versuche mir vorzustellen, wie dieser Riesendiamant aussieht, aber da komme ich an die Grenzen meiner Vorstellungskraft." „Ich leider auch", seufzt Anna. „Ich glaube, das schaffen wir heute nicht." „Werft die Flinte nicht zu früh ins Korn. Was euch fehlt, ist das richtige mathematische Werkzeug, nämlich der Eulersche Polyedersatz", spricht Carl Friedrich. „Dazu ist aber noch eine Definition notwendig."

Definition 4.3 Ein *beschränkter Polyeder* ist ein Körper, der durch endlich viele Vielecke begrenzt wird.

„Dann sind Würfel, Quader und Pyramiden Polyeder, nicht wahr?“, fragt Anna, und Bernd fügt hinzu: „Kugeln und Kegel aber nicht.“ „Sehr gut, Anna und Bernd. Ich sehe, dass ihr verstanden habt, was ein Polyeder ist. Übrigens gibt es auch unbeschränkte Polyeder, aber für die interessieren wir uns nicht.“ Carl Friedrich schreibt den Eulerschen Polyedersatz an das Whiteboard und sagt beinahe feierlich: „Das ist der berühmte Eulersche Polyedersatz.“

Theorem 4.1 Eulerscher Polyedersatz: *Es sei V ein beschränkter konvexer Polyeder mit f Flächen, e Ecken und k Kanten. Dann gilt*

$$f + e - k = 2 \tag{4.1}$$

Carl Friedrich hat noch ein paar einfache Übungsaufgaben mitgebracht, damit Anna und Bernd mit den neuen Begriffen vertraut werden.

c) Benenne oder beschreibe mehrere beschränkte konvexe Polyeder.
d) Wende den Eulerschen Polyedersatz auf einen Quader und eine Pyramide mit einer quadratischen Grundfläche an.
e) Wende den Eulerschen Polyedersatz auf zwei weitere konvexe Polyeder deiner Wahl an.
f) Von einem beschränkten konvexen Polyeder ist bekannt, dass er aus 8 Seitenflächen besteht und 12 Kanten besitzt. Wie viele Ecken besitzt dieser Polyeder?

„Dieser Riesendiamant ist ein beschränkter konvexer Polyeder. Vielleicht kann uns der Eulersche Polyedersatz weiterhelfen. Fragt sich nur, wie“, sagt Bernd. „Schauen wir doch, ob es einen solchen Polyeder überhaupt geben kann, wie er in der Schriftenrolle beschrieben wird“, schlägt Anna vor. „Gute Idee“, grinst Carl Friedrich.

h) Zeige, dass es keinen beschränkten konvexen Polyeder geben kann, der von 28 7-Ecken begrenzt wird, wobei an jeder Ecke 7 Flächen aneinanderstoßen. Tipp: Bestimme zuerst die Anzahl der Flächen, Ecken und Kanten.

„Also war das Dokument eine dreiste Fälschung!“, freut sich Anna und denkt, dass die Aufgabe schon erledigt sei. „Nicht so schnell, Anna“, bremst Bernd, „vielleicht hatte der Museumsdirektor ja nur die Anzahl der Flächen falsch entziffert.“

i) Zeige, dass es keinen konvexen beschränkten Polyeder geben kann, der von f vielen 7-Ecken begrenzt wird, wobei an jeder Ecke 7 Flächen aneinanderstoßen.

„Ich hatte doch Recht! Die Schriftrolle war eine Fälschung", jubelt Anna. „Aber ich gebe zu, dass die Sache jetzt noch klarer ist." Bernd fügt hinzu: „Die MaRT hat dem Museumsdirektor vom Kauf abgeraten, nicht wahr?" „Natürlich!", antwortet Carl Friedrich, „René Antikus ist dann gleich zur Polizei gegangen. Die Polizei hat bei dem Mann, der ihm die Schriftrolle und die Schatzkarte zum Verkauf angeboten hatte, eine Fälscherwerkstatt entdeckt. Später wurde er zu einer Haftstrafe verurteilt." Bernd ergänzt: „Hätte der Fälscher mehr Mathematik gekonnt, hätte er nicht so plump gefälscht, und er säße jetzt vielleicht nicht im Gefängnis."

Anna, Bernd und die Schüler

Anna und Bernd fassen den ereignisreichen Nachmittag zusammen: „Der Eulersche Polyedersatz ist toll und sehr nützlich. So mussten wir uns die Form des Riesendiamanten gar nicht vorstellen. Aber wir hätten nicht gedacht, dass Mathematik auch helfen kann, Verbrechen aufzudecken."

Was ich in diesem Kapitel gelernt habe

- Ich weiß jetzt, was ein konvexer Polyeder ist.
- Ich habe den Eulerschen Polyedersatz kennengelernt und selbst mehrfach angewandt.
- Mit dem Eulerschen Polyedersatz konnte ich beweisen, dass Polyeder mit bestimmten Eigenschaften nicht existieren können.

Noch mehr Ecken und Kanten 5

„Anna und Bernd, wir machen da weiter, wo wir beim letzten Mal aufgehört haben. Heute stehen zwei schwierige Aufgaben auf dem Programm, bei denen der Eulersche Polyedersatz sehr nützlich ist. Ich vermute, dass ihr noch nichts von platonischen Körpern gehört habt“, eröffnet Carl Friedrich den Nachmittag. „Stimmt, Carl Friedrich.“

Definition 5.1 *Platonische Körper* sind beschränkte konvexe Polyeder, deren Seitenflächen kongruente (deckungsgleiche) regelmäßige Vielecke sind. An jeder Ecke treffen die gleiche Anzahl von Seitenflächen zusammen.

„Von jeder Ecke aus betrachtet, sieht ein platonischer Körper gleich aus“, ergänzt Carl Friedrich. „Tab. 5.1 enthält alle platonischen Körper, die es gibt. In dieser Tabelle findet ihr wichtige Eigenschaften der platonischen Körper: Die Form der Seitenflächen, wie viele Seitenflächen an jeder Ecke zusammentreffen und natürlich die Anzahl der Ecken und Kanten. In Abb. 5.1 seht ihr, wie die platonischen Körper aussehen.“

„Die Namen der platonischen Körper kann man sich übrigens leicht merken, wenn man Alt-Griechisch kann. Die Körper sind nach der Anzahl ihrer Seitenflächen benannt. So bedeutet ‚tetra‘ beispielsweise vier, und den Würfel nennt man auch Hexaeder, was ‚Sechsflächer‘ bedeutet“, fügt Carl Friedrich noch hinzu.

„Die platonischen Körper sehen ja toll aus, vor allem wenn man die Seitenfläche bunt anmalt“, ruft Bernd begeistert. „Platonische Körper haben wegen ihrer großen Symmetrie schon die alten Griechen fasziniert“, erklärt Carl Friedrich. Beispielsweise besitzt jeder platonische Körper eine Kugel um seinen Mittelpunkt, auf deren Oberfläche alle Ecken des platonischen Körpers liegen. Das nennt man übrigens eine Umkugel. Ebenso besitzt jeder platonische Körper auch eine Inkugel, die seine Sei-

S. Schindler-Tschirner und W. Schindler, *Mathematische Geschichten III – Eulerscher Polyedersatz, Schubfachprinzip und Beweise, essentials,*

Tab. 5.1 Platonische Körper und ihre Eigenschaften

Platonischer Körper	Seitenflächen	Seitenflächen an jeder Ecke	f	e	k
Tetraeder	Dreiecke	3	4	4	6
Würfel	Vierecke	3	6	8	12
Oktaeder	Dreiecke	4	8	6	12
Dodekaeder	Fünfecke	3	12	20	30
Ikosaeder	Dreiecke	5	20	12	30

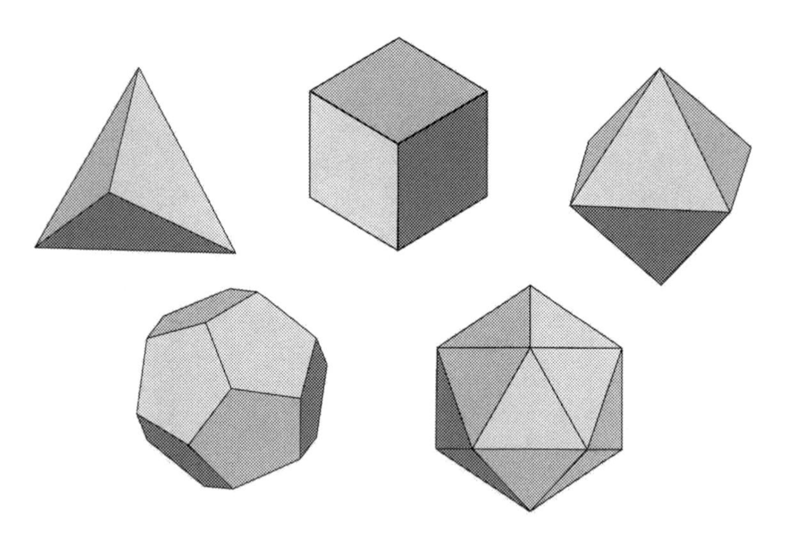

Abb. 5.1 Platonische Körper: (von links oben nach rechts unten) Tetraeder, Würfel, Oktaeder, Dodekaeder, Ikosaeder; erstellt mit 3D-CAD-Software FreeCAD

tenmittelpunkte von innen berührt. Umkugeln und Inkugeln sind etwas Besonderes. Die besitzen nur besondere Körper."

„Es gibt wirklich nur 5 platonische Körper, wenn man von ihrer Größe einmal absieht?", fragt Anna erstaunt. „So ist es", bestätigt Carl Friedrich. „Das hat übrigens schon der griechische Mathematiker Euklid um 300 v. Chr. bewiesen. Einen Teil dieser Aussage sollt ihr jetzt beweisen. Genauer gesagt, sollt ihr beweisen, dass ein platonischer Körper nur Dreiecke, Vierecke und Fünfecke als Seitenflächen haben kann. Das ist aber nicht einfach. Die folgenden Teilaufgaben leiten euch auf den richtigen Weg."

a) Es sei V ein platonischer Körper, der durch f regelmäßige m-Ecke begrenzt wird. An jeder Ecke von V stoßen p Seitenflächen zusammen. Wie groß sind m und p mindestens?
b) Wieviele Ecken und Kanten hat V? Drücke dies in Abhängigkeit von f, m und p aus.
c) Setze f, e und k in die Eulersche Polyederformel (4.1) ein.

Nach einiger Zeit und einer angeregten Diskussion kommen Anna und Bernd zu Carl Friedrich: „Wir sind bis zu Teilaufgabe c) gekommen. Mit dem Eulerschen Polyedersatz haben wir die Gl. (5.1) hergeleitet, aber jetzt kommen wir allein nicht mehr weiter. Wir verstehen nicht, weshalb für m, die Eckenzahl der Seitenflächen, nur die Werte 3, 4 oder 5 in Frage kommen."

$$f + \frac{f \cdot m}{p} - \frac{f \cdot m}{2} = 2 \tag{5.1}$$

„Gut, ich gebe euch noch einen Tipp. Wenn man auf der linken Seite von (5.1) f ausklammert, erhält man die folgende Gleichung"

$$f\left(1 + \frac{m}{p} - \frac{m}{2}\right) = 2 \tag{5.2}$$

„Wenn (f, m, p) eine Lösung von (5.2) ist, muss der Term in der Klammer positiv sein, also muss $0 < 1 + \frac{m}{p} - \frac{m}{2}$ gelten. In der Klammer taucht f gar nicht auf, was ein wichtiger Schritt nach vorn ist. Mehr sage ich aber nicht mehr."

d) Beweise, dass als Seitenflächen eines platonischen Körpers nur Dreiecke, Vierecke oder Fünfecke auftreten können. Tipp: Nutze Carl Friedrichs Hinweis.

„Zwischendrin sind wir nicht weitergekommen, aber mit deinem Tipp haben wir es doch geschafft. Es war ein hartes Stück Arbeit, hat aber zum Schluss doch Spaß gemacht", sagt Bernd erleichtert, und Carl Friedrich erwidert: „Bevor es weitergeht, machen wir erst einmal eine kurze Pause."

„Interessiert ihr euch für Fußball, Anna und Bernd?" „Ja, wir spielen beide in der Schulmannschaft." „Dann wird euch die zweite Aufgabe gefallen. In Abb. 5.2 seht ihr einen Fußball, dessen Oberfläche aus weißen Sechsecken und schwarzen Fünfecken besteht. Auf dem Foto ist der Ball prall aufgepumpt, und die Zeichnung zeigt den zugehörigen Polyeder. An die Seiten der schwarzen Fünfecke grenzen lauter weiße Sechsecke, während an die Seiten eines jeden Sechsecks abwechselnd

Abb. 5.2 Fußball mit schwarzen Fünfecken und weißen Sechsecken: Foto und Polyeder (erstellt mit 3D-CAD-Software FreeCAD)

Fünfecke und Sechsecke angrenzen, und in jeder Ecke des Fußballs treffen drei Seitenflächen zusammen. Ich möchte von euch wissen, aus wie vielen Fünfecken und Sechsecken die Oberfläche dieses Fußballs besteht. In die Sporthalle gehen und einfach zählen, gilt natürlich nicht", schmunzelt Carl Friedrich.

„Da müssen wir sicher wieder den Eulerschen Polyedersatz anwenden", sagt Anna. Bernd nickt und nach einiger Zeit schlägt er vor, die Aufgabe in mehrere kleine Schritte zu zerlegen, wie sie das bei den platonischen Körpern gelernt haben. Anna formuliert die erste Teilaufgabe, und Bernd die zweite:

e) Der Fußball besteht aus w weißen Sechsecken und s schwarzen Fünfecken. Drücke f, e und k in w und s aus.
f) Setze f, e und k in die Eulersche Polyederformel (4.1) ein und fasse die Terme zusammen.
g) Bestimme die Anzahl der schwarzen Fünfecke.

„Jetzt wissen wir immerhin, wie viele schwarze Fünfecke es gibt. Aber ich habe keine Idee, wie wir die Anzahl der weißen Sechsecke bestimmen sollen", resümiert Bernd. „Ich leider auch nicht", sagt Anna traurig. Es bleibt noch eine letzte Teilaufgabe zu lösen. Könnt ihr Anna und Bernd helfen?

h) Aus wievielen weißen Sechsecken besteht die Oberfläche dieses Fußballs?

„Bei den platonischen Körpern hatten wir ein Problem und die letzte Teilaufgabe haben wir leider auch nicht hinbekommen. Sind wir jetzt aus dem Rennen?", fragen Anna und Bernd kleinlaut. „Nein, natürlich nicht. Ich habe nicht erwartet, dass ihr alle Aufgaben lösen könnt. Ihr wart heute trotzdem richtig gut", lobt Carl Friedrich. „Aber schaut euch die Musterlösung gut an, damit ihr die Idee versteht." „Das machen wir", antworten Anna und Bernd erleichtert.

Anna, Bernd und die Schüler
Bernd meint: „Heute waren die Aufgaben ziemlich schwierig, weil so viele Einzelschritte notwendig waren." Anna fügt hinzu: „Ich habe noch nie etwas von platonischen Körpern gehört. Ich werde mit meinem Graphikprogramm einen Dodekaeder zeichnen und die Seiten bunt färben. Das sieht bestimmt schön aus." Anna und Bernd sind erleichtert: „Wir können unser Ziel noch erreichen, in die MaRT aufgenommen zu werden. Carl Friedrich ist mit uns zufrieden."

Was ich in diesem Kapitel gelernt habe

- Ich habe den Eulerschen Polyedersatz auf zwei schwierigen Aufgaben angewandt.
- Mit dem Eulerschen Polyedersatz kann man Alltagsprobleme lösen.
- Ich weiß jetzt, was platonische Körper sind und dass es nur 5 platonische Körper gibt.
- Ich habe bewiesen, dass es keine platonischen Körper geben kann, deren Seitenflächen mehr als 5 Ecken haben.

So viele Möglichkeiten! 6

„Carlotta, du bist unsere neue Mentorin?“ Anna und Bernd sind total überrascht. Carlotta ist Schulsprecherin, das ist klar, aber dass sie auch in der MaRT ist, das wussten Anna und Bernd nicht. „Ja, das bin ich“, lacht Carlotta. „Heute und beim nächsten Mal befassen wir uns mit Kombinatorik. Ich habe euch auch einen alten MaRT-Fall mitgebracht.“

Alter MaRT-Fall Die Geschäftsführerin des Gartencenters „Grüne Laube“, Flora Arboris, hat zum 10-jährigen Firmenjubiläum ein Preisausschreiben veranstaltet, bei dem die Sitzgruppe „7 Zwerge“, ein runder Holztisch mit 7 Stühlen, der Hauptpreis war. Die Preisfrage war, wie viele verschiedene Möglichkeiten es gibt, 7 Gäste auf die 7 Stühle zu verteilen. Um die Sache schwieriger zu machen, galten zwei Sitzordnungen als gleich, wenn alle Gäste dieselben Sitznachbarn hatten (auch wenn sie auf anderen Stühlen saßen). Es spielte auch keine Rolle, ob jemand rechter oder linker Sitznachbar war. Flora Arboris hatte sich die Preisfrage ausgedacht und war ziemlich vernarrt in das Problem. Allerdings wurde sie unsicher, ob ihre Lösung der Preisaufgabe richtig war und hat sicherheitshalber die MaRT um Hilfe gebeten.

„Der alte MaRT-Fall ist gar nicht so einfach. Wir fangen mit ein paar einfachen Aufgaben zum Aufwärmen an“, fährt Carlotta fort.

a) Wieviele zweistellige Zahlen kann man aus den Ziffern 3 und 8 bilden, wenn jede Ziffer nur einmal verwendet werden darf? Schreibe alle Möglichkeiten auf.
b) Auf wieviele Arten kann man eine blaue, eine grüne und eine rote Kugel nebeneinander legen? Schreibe alle Möglichkeiten auf.
c) Wieviele Wörter aus vier Buchstaben kann man aus den Buchstaben A, B, C und D bilden, wenn jeder Buchstabe nur einmal verwendet werden darf? Dabei

S. Schindler-Tschirner und W. Schindler, *Mathematische Geschichten III – Eulerscher Polyedersatz, Schubfachprinzip und Beweise, essentials,*

müssen die Wörter keinen Sinn ergeben. Schreibe alle Möglichkeiten in der Reihenfolge auf, in der man sie in einem Wörterbuch finden würde.

Carlotta fährt fort: „Es ist Zeit für ein paar Definitionen."

Definition 6.1 Für alle natürlichen Zahlen n ist $n! = 1 \cdot 2 \cdots (n-1) \cdot n$. Außerdem gilt $0! = 1$. Sprechweise: „*n Fakultät*".

d) Berechne 1!, 2!, 3!, 4! und 5!.
e) Berechne $\frac{5!}{7!}$, $\frac{12!}{11!}$ und $\frac{n!}{(n-k)!}$. Dabei ist $n > 0$ und $0 \leq k \leq n$. Rechne geschickt!

Definition 6.2 Unter einer *Permutation* versteht man die Anordnung von Objekten in einer bestimmten Reihenfolge. Die Objekte können unterscheidbar sein, müssen es aber nicht.

f) Zeige, dass man n unterscheidbare Objekte (z. B. n verschiedene Buchstaben oder Zahlen) auf $n!$ verschiedene Arten in einer Reihe anordnen kann. Oder anders gesagt: Es gibt $n!$ Permutationen. Begründe deine Antwort.
g) Zu seinem 11. Geburtstag hat Timm von seinem Patenonkel 8 neue Songs seiner Lieblingssängerin geschenkt bekommen. Sofort macht er sich daran, die optimale Playlist zu erstellen, aber das ist gar nicht so einfach. Nach einigem Nachdenken fasst Timm den Plan, einfach an jedem Tag eine andere Playlist aus diesen 8 Titeln zu hören. Wie lange braucht er, bis er alle möglichen Playlists durchprobiert hat? Wie alt ist Timm dann?

„Ihr seid ja ziemlich eifrig bei der Sache. Aber ich habe noch ein paar kniffligere Aufgaben für euch. Da kommen Zusatzbedingungen hinzu."

h) Auf einem Tisch liegen 5 Kugeln, eine grüne, eine rote, eine blaue, eine schwarze und eine braune. Wieviele Möglichkeiten gibt es, diese Kugeln nebeneinander in eine Reihe zu legen? Was ändert sich, wenn man die braune Kugel durch eine weitere blaue Kugel ersetzt?
i) Wieviele Permutationen erlauben die 7 Buchstaben A, D, D, E, E, E, F?
j) An einer Seite eines langen Tisches haben 10 Personen Platz. Wie viele Möglichkeiten hat der Ober, 10 Gäste dort zu platzieren? Wieviele Möglichkeiten gibt es, 5 Ehepaare zu platzieren, wenn alle Ehepartner nebeneinander sitzen möchten? Was ändert sich, wenn zusätzlich verlangt wird, dass abwechselnd Männer und Frauen nebeneinander sitzen wollen?

„Jetzt ist es an der Zeit, dass ihr euch mit dem alten MaRT-Fall befasst, Anna und Bernd. Am besten, ihr löst das Problem in zwei Schritten", hilft Carlotta.

k) Löse den alten MaRT-Fall zunächst für eine ähnliche, aber einfachere Aufgabenstellung: Jetzt gelten zwei Sitzordnungen als gleich, wenn alle Gäste in der Sitzgruppe „Sieben Zwerge" dieselben rechten und linken Sitznachbarn haben.
l) Löse den alten MaRT-Fall.

Anna, Bernd und die Schüler

„Kombinatorik ist wirklich interessant. Es ist gar nicht so einfach, die Anzahl von Permutationen zu bestimmen, wenn zusätzliche Bedingungen auftreten. Und ich hätte auch nicht gedacht, dass man aus nur 8 Liedern so viele Playlists zusammenstellen kann, Bernd." „Timm sicher auch nicht", grinst Bernd schelmisch.

Was ich in diesem Kapitel gelernt habe

- Ich weiß jetzt, was $n!$ ist.
- Ich habe bewiesen, dass die Menge $\{1, \ldots, n\}$ genau $n!$ Permutationen besitzt.
- Ich habe auch schwierigere Aufgaben mit Zusatzbedingungen gelöst.

7 Zurücklegen oder nicht, das ist hier die Frage

„Hallo Anna und Bernd, unser letztes Treffen war ziemlich anstrengend, nicht wahr?" „Da hast du Recht", stimmt Bernd Carlotta zu, und Anna ergänzt, dass es aber auch spannend war. „Das letzte Mal haben wir uns mit Permutationen befasst. Heute lernt ihr noch andere Kombinatorikaufgaben kennen. Euer Wissen über Permutationen könnt ihr gut gebrauchen."

„Zum Aufwärmen nehmen wir an, dass sich in einem Lostopf 10 Kugeln befinden, die mit den Zahlen 0 bis 9 beschriftet sind. Mathematiker sprechen übrigens normalerweise von einer Urne anstatt von einem Lostopf."

a) Aus der Urne wird eine Kugel gezogen. Die gezogene Zahl bildet die erste Ziffer einer vierstelligen Zahl. Danach wird die Kugel zurück in die Urne gelegt. Auf die gleiche Weise werden auch die zweite, dritte und vierte Ziffer der vierstelligen Zahl bestimmt. Wie viele verschiedene vierstellige Zahlen können auf diese Weise erzeugt werden? Begründe deine Antwort.
Beachte: Führungsnullen sind zulässig, z. B. 0776, 0034 oder 0000.
b) Jetzt wird das Experiment aus a) wiederholt, aber die gezogenen Kugeln werden nicht wieder in die Urne zurückgelegt. Wie viele verschiedene vierstellige Zahlen können jetzt auftreten? Welche Eigenschaften haben diese Zahlen?

„Das hat ja wieder gut geklappt", lobt Carlotta. „Dass 10 Kugeln in der Urne waren und dass 4 Mal gezogen wurde, ist eine Besonderheit der beiden Teilaufgaben, aber die Gesetzmäßigkeiten, die ihr dabei herausgefunden habt, gelten auch allgemein. Das Szenario aus a) nennt man ‚Ziehen mit Zurücklegen' und das aus b) ‚Ziehen ohne Zurücklegen'. In beiden Fällen ist die Reihenfolge der gezogenen Kugeln wichtig. Man spricht von geordneten Stichproben. Allgemein gilt:"

S. Schindler-Tschirner und W. Schindler, *Mathematische Geschichten III – Eulerscher Polyedersatz, Schubfachprinzip und Beweise, essentials,*

- In einer Urne befinden sich n unterscheidbare Kugeln. Es wird k Mal hintereinander eine Kugel gezogen.
  - Ziehen mit Zurücklegen, geordnete Stichprobe:
    Es gibt n^k mögliche Anordnungen.
  - Ziehen ohne Zurücklegen, geordnete Stichprobe, $k \leq n$:
    Es gibt $n(n-1)\cdots(n-k+1)$ mögliche Anordnungen. Man spricht hier auch von Variationen.

„Beim letzten Mal haben wir gezeigt, dass $n(n-1)\cdots(n-k+1) = \frac{n!}{(n-k)!}$ gilt“, ergänzt Bernd stolz.

c) In einer Urne liegen 13 unterscheidbare Kugeln. Es werden nacheinander 3 Kugeln gezogen. Wie viele geordnete Stichproben gibt es, wenn
(i) die Kugeln nach dem Ziehen wieder in die Urne gelegt werden?
(ii) die Kugeln nach dem Ziehen nicht zurück in die Urne gelegt werden?
d) In einer Urne liegen 6 unterscheidbare Kugeln. Es werden nacheinander 6 Kugeln gezogen. Wie viele geordnete Stichproben gibt es, wenn
(i) die Kugeln nach dem Ziehen wieder in die Urne gelegt werden?
(ii) die Kugeln nach dem Ziehen nicht zurück in die Urne gelegt werden?
e) In einer Urne liegen 8 unterscheidbare Kugeln. Es werden nacheinander 3 Kugeln gezogen. Wie viele geordnete Stichproben gibt es, wenn
(i) die Kugeln nach dem Ziehen wieder in die Urne gelegt werden?
(ii) die Kugeln nach dem Ziehen nicht zurück in die Urne gelegt werden?
f) In einer Urne liegen 8 unterscheidbare Kugeln. Es werden nacheinander 3 Kugeln ohne Zurücklegen gezogen. Im Gegensatz zu den Teilaufgaben c)(ii), d)(ii) und e)(ii) ist es jetzt unerheblich, in welcher Reihenfolge die Kugeln gezogen wurden? Wie viele verschiedene Möglichkeiten gibt es?

„Ich nehme an, dass ihr noch nicht wisst, was Binomialkoeffizienten sind, oder? Die sind in der Kombinatorik aber sehr wichtig, Anna und Bernd.“

Definition 7.1 Es sei n eine natürliche Zahl und $0 \leq k \leq n$. Dann bezeichnet man

$$\binom{n}{k} = \frac{n!}{(n-k)! \cdot k!} \tag{7.1}$$

als *Binomialkoeffizient*, gesprochen „n über k“.

g) Berechne die Binomialkoeffizienten $\binom{6}{4}$, $\binom{7}{2}$, $\binom{4}{0}$, $\binom{8}{1}$ und $\binom{8}{7}$.

h) Beweise, dass $\binom{n}{k} = \binom{n}{n-k}$ gilt.
Tipp: Wende die Definition (7.1) auf $\binom{n}{n-k}$ an.

„Jetzt weiß ich auch, wofür man 0! braucht", stellt Anna fest. „Wozu sind denn Binomialkoeffizienten gut, Carlotta, außer dass man sie berechnen kann?", fragt Bernd. „Wir haben schon über geordnete Stichproben gesprochen. Binomialkoeffizienten treten auf, wenn die Reihenfolge unerheblich ist, in der die einzelnen Werte auftreten. In diesem Fall spricht man von ungeordneten Stichproben. Allgemein gilt:"

- In einer Urne befinden sich n unterscheidbare Kugeln. Es wird k Mal hintereinander eine Kugel gezogen.
  - Ziehen ohne Zurücklegen, ungeordnete Stichprobe, $k \leq n$:
    Es gibt $\binom{n}{k}$ verschiedene Stichproben. Man spricht hier auch von Kombinationen.

„In Teilaufgabe f) haben wir schon den Spezialfall $(n, k) = (8,3)$ gelöst", bemerkt Anna und sagt: „Ich vermute, dass wir die Aussage jetzt allgemein beweisen sollen!" „Stimmt genau", lächelt Carlotta, „man könnte meinen, dass du Gedanken lesen kannst. Vielleicht hast du aber einfach nur verstanden, worauf es in der Mathematik ankommt."

Bernd sagt nach kurzem Nachdenken: „Bei Kombinationen spielt die Reihenfolge keine Rolle, in der die Kugeln gezogen werden, sondern nur, welche Kugeln das sind. Also entspricht jede Kombination aus k Kugeln einer k-elementigen Teilmenge aller n Kugeln, die zu Beginn in der Urne liegen. Wir müssen beweisen, dass eine n-elementige Menge, also z. B. $\{1, \ldots, n\}$, insgesamt $\binom{n}{k}$ k-elementige Teilmengen besitzt, nicht wahr?" Carlotta nickt zustimmend: „Das ist völlig richtig."

i) Beweise, dass jede n-elementige Menge $\binom{n}{k}$ k-elementige Teilmengen besitzt.
j) Wie viele 3-elementige Teilmengen besitzt die Menge $\{1, 2, 3, 4\}$. Wie verhält sich das mit der Menge $\{A, c, 67, s, 2\}$?
k) Ein Tipp beim Zahlenlotto „6 aus 49" besteht darin, dass man 6 Zahlen zwischen 1 und 49 ankreuzt. Wie viele unterschiedliche Tipps gibt es?
l) Abb. 7.1a zeigt ein Fußabstreifgitter. Eine Ameise befindet sich an der Ecke A. Um zur Ecke B zu kommen, muss die Ameise über das Gitter krabbeln. Die Ameise möchte gerne einen möglichst kurzen Weg gehen.
(i) Wie lang sind die kürzesten Wege, wenn jedes Teilstück 2 cm lang ist? Beschreibe die kürzesten Wege. Wie viele kürzeste Wege gibt es?

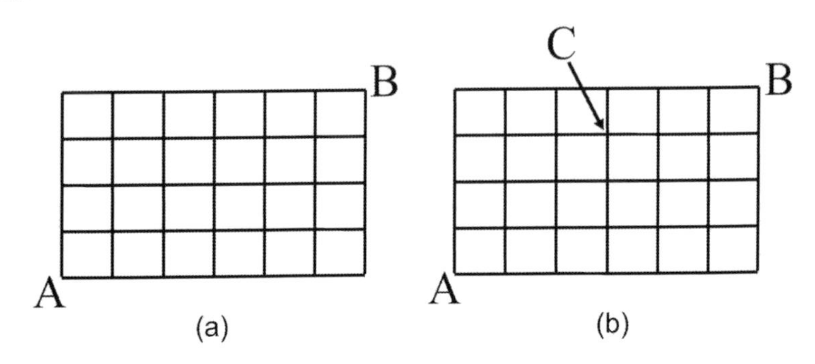

Abb. 7.1 kürzeste Wege gesucht: **a** von A nach B, **b** von A über C nach B

(ii) In Abb. 7.1b ist der Punkt C eingezeichnet. Wie viele kürzeste Wege von A nach B gibt es, die über C führen?

„Die letzte Teilaufgabe war wirklich interessant. Auf den ersten Blick sieht man gar nicht, dass auch hier Binomialkoeffizienten eine Rolle spielen", meint Bernd. Anna fügt hinzu: „Als wir in den CBJMM aufgenommen wurden, war unsere erste Aufgabe ein Wegeproblem. Allerdings mussten wir damals beweisen, dass es Wege bestimmter Länge nicht geben kann.[1] Jetzt könnten wir sogar berechnen, wie viele kürzeste Wege es gab." „Für einen kürzesten Weg musste man drei Straßenstücke nach rechts und zwei Straßenstücke nach unten gehen", erinnert sich Bernd. „Also gab es $\binom{5}{3} = 10$ kürzeste Wege."

„Wir sind beinahe fertig für heute, aber eine Aufgabe habe ich noch", fährt Carlotta fort. „Ihr erinnert euch doch noch an den alten MaRT-Fall zum Schubfachprinzip. Peter Sponsio wollte wetten, dass in einer zufällig bestimmten 27-elementigen Teilmenge der Mitglieder des Debattierklubs „Scharfe Zunge" zwei Mitglieder sind, die dieselbe Anzahl an Freunden haben. Anna, du hast durch eine systematische Aufzählung aller möglichen (Freund/kein Freund)-Beziehungen gezeigt, dass Peter Sponsio für 2- und 3-elementige Teilmengen immer gewinnen würde. Allerdings gab es nur 2 bzw. 8 solche Beziehungen."

m) Wie viele (Freund/kein Freund)-Beziehungen müsste Anna berücksichtigen, wenn sie den alten MaRT-Fall aus Kap. 2 durch das systematische Aufzählen und Auswerten aller Möglichkeiten lösen wollte?

[1] vgl. Mathematische Geschichten I (Schindler-Tschirner und Schindler 2019a, Kap. 2).

Anna, Bernd und die Schüler

„Anfangs war das schon verwirrend: Ziehen ohne Zurücklegen, Ziehen mit Zurücklegen“, seufzt Anna, und Bernd fügt nahtlos hinzu: „geordnete und ungeordnete Stichproben. Aber wenn man die Unterschiede erst einmal verstanden hat, ist das gar nicht mehr so schwierig.“ „Ich hätte niemals gedacht, dass man bei dem alten MaRT-Fall so viele Kombinationen auftreten. Gut, dass es das Schubfachprizip gibt.“

Inzwischen ist Carl Friedrich in den Übungsraum gekommen, um Anna und Bernd zu sagen, dass er mit ihren Leistungen sehr zufrieden ist. „Ihr seid auf dem besten Weg, in die MaRT aufgenommen zu werden. Aber wie bei der Aufnahme in den CBJMM [2] müsst ihr 12 Herausforderungen bestehen. Die Hälfte habt ihr schon geschafft.“ „Wir haben wieder viel neue Mathematik gelernt. Es macht Spaß, gemeinsam mathematische Probleme zu lösen“, freut sich Anna, und Bernd fügt hinzu: „Wir sind schon sehr gespannt, wie es weitergeht.“

Was ich in diesem Kapitel gelernt habe

- Ich habe verschiedene Urnenmodelle kennengelernt und selbst angewendet.
- Ich kenne den Unterschied zwischen Ziehen mit Zurücklegen und Ziehen ohne Zurücklegen.
- Ich kenne den Unterschied zwischen geordneten und ungeordneten Stichproben.
- Ich habe kombinatorische Sachaufgaben gelöst.

[2] vgl. Mathematische Geschichten I und II (Schindler-Tschirner und Schindler 2019a, b).

Teil II
Musterlösungen

Teil II enthält ausführliche Musterlösungen zu den Aufgaben aus Teil I. Um umständliche Formulierungen zu vermeiden, wird im Folgenden normalerweise nur der „Kursleiter“ angesprochen. Tab. II.1 zeigt die wichtigsten mathematischen Techniken, die in den Aufgabenkapiteln zur Anwendung kommen.

Tab. II.1 Übersicht: Mathematische Inhalte der Aufgabenkapitel

Kapitel	Mathematische Techniken	Ausblicke
Kap. 2	Einführung und Anwendung des Schubfachprinzips in unterschiedlichen Kontexten	Anwendungsvielfalt, Mathematikwettbewerbe
Kap. 3	Bewegungsaufgaben, Aufstellen und Lösen von Gleichungen	Physikunterricht, Mathematikwettbewerbe
Kap. 4	Anwendungen des Eulerschen Polyedersatzes, Beweise, Gleichungen	Varianten und Verallgemeinerungen des Eulerschen Polyedersatzes, Mathematikwettbewerbe
Kap. 5	platonische Körper, Eulerscher Polyedersatz, Beweise, Gleichungen, Ungleichungen	Symmetriegruppen, platonische und archimedische Körper in der Chemie, Historisches
Kap. 6	Permutationen, Anwendungen, Realweltprobleme, doppeltes Abzählen	Mathematikunterricht in der Oberstufe, Mathematikwettbewerbe
Kap. 7	Urnenmodelle, Binomialkoeffizienten, Anwendungen, Realweltprobleme	Kombinatorik in der Wahrscheinlichkeitstheorie, Historisches

In den Musterlösungen werden auch die mathematischen Ziele der einzelnen Kapitel erläutert, und es werden Ausblicke über den Tellerrand hinaus gegeben, wo die erlernten mathematischen Techniken und Methoden in und außerhalb der Mathematik noch Einsatz finden. Zuweilen werden historische Bezüge angesprochen. Dies mag die Schüler zusätzlich motivieren, sich mit der Thematik des jeweiligen Kapitels weitergehend zu beschäftigen. Außerdem kann es ihr Selbstvertrauen fördern, wenn sie erfahren, dass die erlernten Techniken auch bei sehr fortgeschrittenen mathematischen Fragestellungen eingesetzt werden.

Jedes Aufgabenkapitel endet mit einer Zusammenstellung „Was ich in diesem Kapitel gelernt habe“. Dies ist ein Pendant zu Tab. II.1, allerdings in schülergerechter Sprache. Der Kursleiter kann die Lernerfolge mit den Teilnehmern gemeinsam erarbeiten. Dies kann z. B. beim folgenden Kurstreffen geschehen, um das letzte Kapitel noch einmal zu rekapitulieren.

Musterlösung zu Kap. 2

8

Im ersten Aufgabenkapitel wird nicht gerechnet. Stattdessen wird das sogenannte Schubfachprinzip eingeführt. Das ist eine in vielen mathematischen Gebieten universell einsetzbare Beweistechnik, was durch die unterschiedlichen Übungsaufgaben unterstrichen wird.

Beweise spielen im Schulunterricht in der Unterstufe außerhalb der Geometrie eine eher untergeordnete Rolle. Daher mag dieser Einstieg für einige Kursteilnehmer überraschend sein. Es sei an dieser Stelle angemerkt, dass in den Mathematischen Geschichten I und II für die Grundschule (Schindler-Tschirner und Schindler 2019a, b) eine Vielzahl von Beweisen geführt werden. Für Schüler, die die Mathematischen Geschichten I und II bereits kennen, stellen Beweise daher keine Überraschung dar.

Wir gehen nacheinander die einzelnen Teilaufgaben durch.

a) Diese Teilaufgabe dient dazu, die Schüler an die Aufgabenstellung des alten MaRT-Falls heranzuführen und einen ersten Eindruck zu vermitteln, dass bei Teilmengen aus 27 Personen ein Durchprobieren aller Fälle nicht mehr möglich ist. Schließlich erhöht schon der Übergang von 2- auf 3-elementige Teilmengen den Aufwand erheblich. In Kap. 7 wird die Anzahl der (Freund/kein Freund)-Kombinationen für 27-elementige Teilmengen bestimmt. Ein weiteres didaktisches Ziel dieser Teilaufgabe besteht darin, dass die Schüler systematisch alle möglichen Kombinationen erfassen. Das ist in gewisser Weise auch eine vorbereitende Übung auf Kap. 6.
   Wir müssen alle möglichen (Freund/kein Freund)-Beziehungen zwischen den Teilnehmern A und B, A und C sowie zwischen B und C untersuchen. Diese können voneinander unabhängig gewählt werden und nehmen jeweils die Werte „Freund“ oder „kein Freund“ an. Tab. 8.1 enthält alle möglichen Kombinationen. In den Spalten 1 bis 3 steht, ob die Mitglieder A und B (A und C bzw. B

S. Schindler-Tschirner und W. Schindler, *Mathematische Geschichten III – Eulerscher Polyedersatz, Schubfachprinzip und Beweise, essentials,*

Tab. 8.1 Alter MaRT-Fall für 3-elementige Teilmengen

A und B	A und C	B und C	Anz. Freunde A	Anz. Freunde B	Anz. Freunde C
F	F	F	2	2	2
F	F	kF	2	1	1
F	kF	F	1	2	1
F	kF	kF	1	1	0
kF	F	F	1	1	2
kF	F	kF	1	0	1
kF	kF	F	0	1	1
kF	kF	kF	0	0	0

und C) befreundet sind oder nicht. Dabei steht ‚F' für ‚sind Freunde' und ‚kF' für ‚sind keine Freunde'. In den Spalten 4 bis 6 wird zusammengezählt, wieviele Freunde die einzelnen Mitglieder haben. So ergeben sich z. B. die Anzahl der Freunde von A in $\{A, B, C\}$ aus den beiden ersten Spalten.

Tab. 8.1 zeigt, dass es bei 3-elementigen Teilmengen für jede (Freund/kein Freund)-Kombination zwei Mitglieder gibt, die gleich viele Freunde haben. Eine Wette mit 3-elementigen Teilmengen hätte Peter Sponsio also immer gewonnen.

Zur zweiten Frage: Es gibt 8 (Freund/kein Freund)-Kombinationen.

Anmerkung: Es kann durchaus hilfreich sein, zunächst kleine Beispiele zu untersuchen, um so allgemeine Gesetzmäßigkeiten zu erkennen oder wenigstens zu erahnen. Hier führt das allerdings nicht zum Ziel. Der alte MaRT-Fall unterstreicht, wie nützlich das Schubfachprinzip ist (vgl. Teilaufgaben e) und f)).

b) Hierzu muss man in der Erklärung des Schubfachprinzips in Kap. 2 lediglich n durch 5 ersetzen. Also: Wenn man 6 Kugeln in 5 Schubfächer legt, enthält (mindestens) eine Schubfächer (mindestens) zwei Kugeln.

c) Hier gibt es 7 Schubfächer (Wochentage). Die Aussage folgt dann sofort aus dem Schubfachprinzip (für $n = 7$).

d) Die Schubfächer sind hier die Geburtsjahre. Aber wieviele Schubfächer sind dies? Die Aufgabe enthält hierzu keine Angaben. Daher treffen wir die (zweifellos zutreffende) Annahme, dass alle Gäste jünger als 120 Jahre waren. Dann gibt es 120 Schubfächer, und zwar die Geburtsjahre 1861, 1862, ..., 1980. Aus dem Schubfachprinzip folgt, dass mindestens zwei Gäste im gleichen Jahr geboren waren.

Hinweis: Die Annahme, dass alle Gäste jünger als 120 Jahre sind, ist bestimmt gerechtfertigt, aber die 120 ist etwas willkürlich gewählt. Die Zahl 120 könnte man durch jede Zahl ≤ 149 ersetzen.

e) Hier sind die Schubfächer die Anzahl der Freunde, die ein Klubmitglied, das zur ausgewählten 27-elementigen Teilmenge gehört, innerhalb dieser Teilmenge hat. Bei 27-elementigen Teilmengen gibt es 27 Schubfächer, und zwar die Zahlen $0, 1, \ldots, 26$. Offensichtlich kann man das Schubfachprinzip nicht direkt anwenden, da es genauso viele ‚Kugeln' (hier: 27 Klubmitglieder) wie Schubfächer gibt. Hier ist noch eine zusätzliche Überlegung notwendig.
Wenn ein ausgewähltes Klubmitglied gar keinen Freund innerhalb der 27 ausgewählten Personen hat, kann kein anderes Mitglied 26 Freunde haben. Und umgekehrt: Wenn ein Mitglied 26 Freunde hat, haben alle anderen mindestens einen Freund. Was bedeutet das? Ganz einfach: Es kann nur höchstens eines der beiden Schubfächer 0 und 26 belegt sein. Dann ist aber alles klar: Wir haben 27 Mitglieder, und es sind höchstens 26 Schubfächer belegt. Daraus folgt, dass zwei der ausgewählten Mitglieder die gleiche Anzahl an Freunden innerhalb dieser Teilmenge haben. Daher hat die MaRT Karl Eloquens natürlich geraten, die Wette auf keinen Fall anzunehmen, weil Peter Sponsio immer gewonnen hätte.
Anmerkung: Dass die Mitglieder des Debattierklubs ‚Scharfe Zunge' untereinander zerstritten sind, hat für die Aufgabe ebensowenig Bedeutung wie die Gesamtanzahl seiner Mitglieder.

Didaktische Anregung In e) wurde bewiesen, dass Karl Eloquens die Wette auf jeden Fall verloren hätte, ohne dass alle möglichen (F/kF)-Kombinationen durchprobiert werden mussten. Der Kursleiter sollte gemeinsam mit den Schülern die Tragweite dieser Aussage herausarbeiten. Selbst das Ausprobieren von sehr vielen (aber nicht allen!) (F/kF)-Kombinationen könnte diese Gewissheit nicht erbringen. Anders als bei 2- oder 3-elementigen Teilmengen ist ein Durchprobieren aller (F/kF)-Kombinationen ($=2^{351}$ viele; vgl. Kap. 7) nicht praktisch möglich.

f) Hier gibt es die k Schubfächer $0, 1, \ldots, k-1$, und wie in e) können die beiden Schubfächer 0 und $k-1$ nicht gleichzeitig belegt sein. Also verteilen sich k Mitglieder auf $k-1$ Schubfächer, sodass zwei Mitglieder dieselbe Anzahl von Freunden in der k-elementigen Teilmenge haben.

g) Diese Teilaufgabe ist der Geometrie zuzuordnen. Die Schwierigkeit besteht darin, geeignete Schubfächer zu definieren. Abb. 8.1 illustriert die Lösung.
Das rechteckige Beet wird schachbrettartig in $6 \cdot 4 = 24$ quadratische Minibeete der Seitenlänge 1m eingeteilt. Die Schubfächer sind die 24 quadratischen

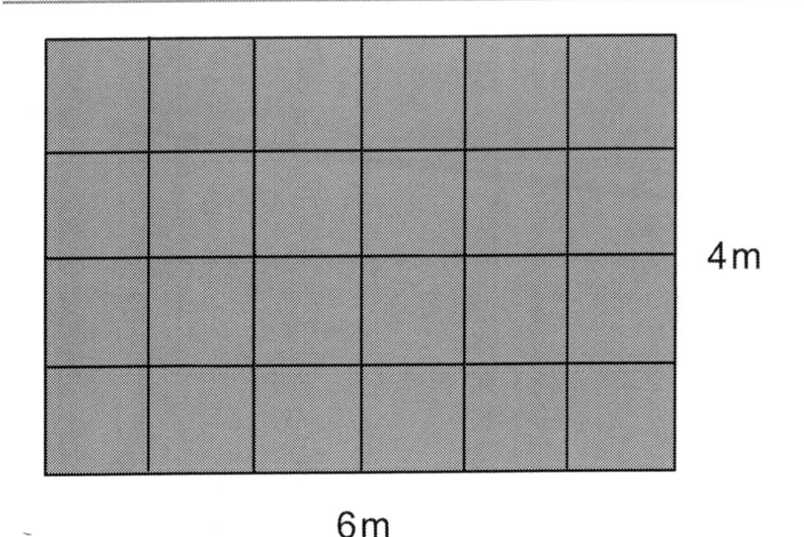

Abb. 8.1 Blumenbeet (6m x 4m), unterteilt in quadratische Minibeete der Seitenlänge 1

Minibeete. Aus dem Schubfachprinzip folgt, dass eines der Minibeete 2 Sonnenblumen enthält, womit die Aufgabe gelöst ist.
Hinweis: Für ältere Schüler kann man die Aufgabe noch etwas schwieriger gestalten: Beweise, dass ein Kreis mit dem Radius 75 cm existiert, in dem mindestens zwei Sonnenblumen stehen. Der erste Beweisschritt bleibt gleich. Dann zeichnet man zu jedem Minibeet einen Kreis mit dem Radius 75 cm, dessen Mittelpunkt in der Mitte des Quadrats liegt. Aus dem Satz des Pythagoras folgt, dass die Kreise die jeweiligen Quadrate überdecken. (Die Strecke zwischen dem Quadratmittelpunkt und einer Ecke beträgt $\sqrt{0{,}5^2 + 0{,}5^2}\,\text{m} = \sqrt{0{,}5}\,\text{m} \approx 0{,}707\,\text{m} < 0{,}75\,\text{m}$.)

h) Auch hier liegt die Auswahl der Schubfächer nicht auf der Hand und stellt die Schwierigkeit der Teilaufgabe dar. Hier bilden die Mengen $\{1, 20\}$, $\{2, 19\}$, $\{3, 18\}$, $\{4, 17\}$, $\{5, 16\}$, $\{6, 15\}$, $\{7, 14\}$, $\{8, 13\}$, $\{9, 12\}$ und $\{10, 11\}$ die Schubfächer. Die 10 Teilmengen (Schubfächer) sind so gewählt, dass die Summe der beiden Zahlen 21 ergibt. Es sei nun M^* eine 11-elementige Teilmenge von M. Verteilt man die 11 Zahlen auf die 10 Schubfächer, sind in einem Schubfach zwei Zahlen enthalten. Da die beiden Zahlen verschieden sind, ist ihre Summe 21, und damit ist auch diese Teilaufgabe gelöst.

Anmerkung: Für 10-elementige Teilmengen ist die Aussage im Allgemeinen falsch, wie das Gegenbeispiel $M' = \{1, 2, \ldots, 10\}$ zeigt.

Mathematische Ziele und Ausblicke

Wie die Mathematischen Geschichten I (Schindler-Tschirner und Schindler 2019a) für mathematisch begabte Schülerinnen und Schüler in der Grundschule hat auch dieses *essential* mit einem Kapitel begonnen, in dem nicht gerechnet wird, sondern Beweise geführt werden. Dies hat mehrere Gründe. Schüler, die die Mathematischen Geschichten I und II nicht kennen, verstehen, dass Mathematik nicht nur aus Rechnen und dem Anwenden von „Kochrezepten" besteht, sondern Phantasie und Kreativität gefragt sind. Dieses Kapitel verlangt keine besonderen mathematischen Vorkenntnisse, so dass der Einstieg in dieses *essential* für Schüler aus allen Klassenstufen der Unterstufe ähnlich schwierig sein sollte, sieht man von der altersbedingten Reifeentwicklung einmal ab.

Als mathematische Beweistechnik lernen die Schüler das Schubfachprinzip kennen, das in unterschiedlichen mathematischen Gebieten (z. B. in der Zahlentheorie und Kombinatorik) angewandt wird. Die Teilaufgaben dieses Kapitels deuten die universelle Anwendbarkeit des Schubfachprinzips an. Das Schubfachprinzip wurde explizit erstmals von dem deutschen Mathematiker Johann Peter Gustav Lejeune Dirichlet (1805–1859) angewandt (Engel 1998, S. 59). Daher wird es in vielen Sprachen als Dirichlet-Prinzip bezeichnet. Im Englischen ist neben der Bezeichnung ‚pigeonhole principle' auch ‚box principle' gebräuchlich.

Weitere (oftmals schwierigere) Anwendungen des Schubfachprinzips findet der interessierte Leser beispielsweise in (Specht und Stricht 2009, Abschn. C.2). Dieses Buch zielt vornehmlich auf ältere Schüler ab. Das Schubfachprinzip tritt auch in verschiedenen Aufgaben der Mathematik-Olympiaden (Mathematik-Olympiaden e. V 1996–2016, 2017–2020) und des Bundeswettbewerbs Mathematik auf (Specht et al. 2020) (z. B. 1975, Runde 1, Aufgabe 4; 2001, Runde 2, Aufgabe 1; 2012, Runde 1, Aufgabe 4). Die Aufgabensammlung (Engel 1998) widmet dem Schubfachprinzip ein ganzes Kapitel („The Box Principle"). Insgesamt enthält (Engel 1998) etwa 1300 Aufgaben aus mehr als zwanzig anspruchsvollen nationalen und internationalen Mathematikwettbewerben (sogar von der internationalen Mathematikolympiade). Der adressierte Leserkreis sind Trainer und Teilnehmer von Wettbewerben bis in die höchste Stufe.

9 Musterlösung zu Kap. 3

In Kap. 3 dreht sich alles um Bewegungsaufgaben. Diese Themenwahl hat mehrere Gründe. Einerseits wird nach dem „Beweiskapitel“ 2 mit Zahlen gerechnet, was vielen Schülern entgegenkommen dürfte. Andererseits handelt es sich um Anwendungsaufgaben mit Bezug zur Physik. Außerdem üben die Schüler dabei das Lösen einfacher Gleichungen, was auch in den Kap. 4 und 5 benötigt wird.

a) Einsetzen in die Formel (3.1) ergibt

$$v = \frac{42\,\text{km}}{2\,\text{h}} = 21\frac{\text{km}}{\text{h}} \tag{9.1}$$

Katharina war also im Durchschnitt 21 km/h schnell.

Didaktische Anregung Um Platz zu sparen, werden in diesem Kapitel das Berechnen von Zahlenwerten und das Umrechnen von Einheiten in Gleichungsketten erledigt, die dann in eine Zeile passen. Vor allem für jüngere Schüler kann es hilfreich sein, wenn man beim Besprechen der Lösungen an einer Tafel oder einem Whiteboard mehrere Zeilen verwendet. Für Gl. (9.1) bedeutet dies, dass $v = \frac{42\,\text{km}}{2\,\text{h}}$ und $v = 21\frac{\text{km}}{\text{h}}$ in zwei Zeilen geschrieben werden.

b) Einsetzen in die Gl. (3.1) ergibt

$$v = \frac{400\,\text{m}}{62\,\text{sec}} \approx 6{,}45\frac{\text{m}}{\text{sec}} \tag{9.2}$$

Pauls Durchschnittsgeschwindigkeit betrug 6,45 m/sec.

S. Schindler-Tschirner und W. Schindler, *Mathematische Geschichten III – Eulerscher Polyedersatz, Schubfachprinzip und Beweise, essentials,*

c) Es sind 1 km = 1000 m und 1 h = 3600 sec. Einsetzen in die Gl. (9.1) ergibt

$$v = 21\frac{\text{km}}{\text{h}} = 21 \cdot \frac{1000\text{ m}}{3600\text{ sec}} = \frac{210\text{ m}}{36\text{ sec}} = 5,8\overline{3}\frac{\text{m}}{\text{sec}} \tag{9.3}$$

Umgekehrt sind 1 m = $\frac{1}{1000}$ km und 1 sec = $\frac{1}{3600}$ h. Einsetzen in (9.2) ergibt

$$v = \frac{400\text{ m}}{62\text{ sec}} \approx 6{,}45\frac{\text{m}}{\text{sec}} = 6{,}45\frac{\frac{1}{1000}\text{ km}}{\frac{1}{3600}\text{ h}} = 6{,}45 \cdot \frac{3600}{1000}\frac{\text{km}}{\text{h}} = 23{,}22\frac{\text{km}}{\text{h}} \tag{9.4}$$

In dieser Teilaufgabe lernen die Schüler, dass man Geschwindigkeiten in andere Einheiten umrechnen kann, indem man die Einheiten für Strecke und Zeit einzeln ersetzt.

Anmerkung: Um ein numerisch exaktes Ergebnis zu erhalten, muss man m und sec in $\frac{400\text{ m}}{62\text{ sec}}$ ersetzen und nicht mit der Näherung $6{,}45\frac{\text{m}}{\text{sec}}$ beginnen.

d) Einsetzen in Gl. (3.2) ergibt

$$s = 120\frac{\text{km}}{\text{h}} \cdot 3\text{ h} = 360\text{ km} \tag{9.5}$$

Herr Grün ist 360 km gefahren.

e) Einsetzen in Gl. (3.3) ergibt

$$t = \frac{55\text{ km}}{20\frac{\text{km}}{\text{h}}} = \frac{55}{20}\frac{\text{km} \cdot \text{h}}{\text{km}} = \frac{11}{4}\text{ h} = 2{,}75\text{ h} \tag{9.6}$$

Der Radfahrer war 2, 75 h, also 2 Stunden und 45 Minuten unterwegs.

Didaktische Anregung Eine zentrale Fähigkeit, die in diesem Kapitel immer wieder benötigt (und geübt) wird, ist das Umformen von Gleichungen. Hierbei können aufgrund fehlenden bzw. zusätzlichen Schulstoffs signifikante Unterschiede zwischen Schülern der Klassenstufen 5 und 7 auftreten. Es liegt im Ermessen des Kursleiters, ob er zunächst einige einfache Aufgaben zum Lösen von Gleichungen bearbeiten lässt, bevor er die nächsten Teilaufgaben angeht. Dort wird das Umstellen von Gleichungen als Technik benötigt, die Hauptschwierigkeit besteht aber darin, die Gleichungen herzuleiten. Es kann auch sinnvoll sein, einzelnen Schülern Extraaufgaben zum Umformen von Gleichungen zu geben, während die übrigen Kursteilnehmer bereits mit den nächsten Teilaufgaben fortfahren.

Die Herleitung der Gl. (3.2) und (3.3) aus Gl. (3.1) im Aufgabenkapitel dient zwei Zielen. Einerseits wird deutlich, wie Geschwindigkeit, Strecke und Zeit zusammenhängen und dass zwei Größen die dritte eindeutig festlegen. Die Herleitungen dienen einigen Kursteilnehmern als Erinnerung und Wiederholung, wie man Gleichungen nach einem gewünschten Term umstellt, während andere Schüler diese Technik zum ersten Mal sehen. Der Kursleiter sollte die Schüler darauf hinweisen, dass es nicht notwendig ist, sich alle drei Formeln zu merken, sondern dass eine einzige genügt (z. B. (3.1)).

Es folgen Musterlösungen zu den übrigen Teilaufgaben.

Didaktische Anregung Die Teilaufgaben g) und i) sind schwieriger als die anderen Teilaufgaben. Es bietet sich daher an, g) und i) nur leistungsstarken Kursteilnehmern zu stellen. Bei g) ist es notwendig, Gleichungen ineinander einzusetzen.

f) Der Schlüssel zur Lösung ist die benötigte Zeit. Da beide Autos gleichzeitig starten, sind beide die gleiche Zeit t unterwegs. Wir bezeichnen die Strecke, die das Auto zurücklegt, das in A-Dorf startet, mit s. Da das andere Auto doppelt so schnell fährt, legt es die doppelte Strecke zurück, also $2s$. Zusammen legen beide Autos 60 km zurück, die Entfernung zwischen A-Dorf und B-Dorf. Daraus folgt die Gleichung
$$s + 2\,\mathrm{s} = 3\,\mathrm{s} = 60\ \mathrm{km} \tag{9.7}$$
Teilt man beide Seiten der Gl. (9.7) durch 3, ergibt dies $s = 20$ km. Also treffen sich die beiden Autos, wenn sie 20 km von A-Dorf entfernt sind.

g) Da Clara 4 min später gestartet und 2 min früher als Merle angekommen ist, hat Merle für die Strecke 6 min mehr benötigt als Clara. 6 Minuten sind eine Zehntel Stunde. Bezeichnen t_1 and t_2 die Fahrzeiten von Merle und Clara, so folgt
$$t_1 = t_2 + \frac{1}{10}\ \mathrm{h} \qquad \text{und daraus} \tag{9.8}$$
$$t_1 - t_2 = \frac{1}{10}\ \mathrm{h} \tag{9.9}$$
Es bezeichnet ferner s die gesuchte Streckenlänge. Einsetzen in (3.3) liefert
$$t_1 = \frac{s}{v_1} \qquad \text{und} \qquad t_2 = \frac{s}{v_2} \tag{9.10}$$

Setzt man die Terme aus (9.10) in die Gl. (9.9) ein, folgt durch Ausklammern von s

$$\frac{s}{v_1} - \frac{s}{v_2} = s\left(\frac{1}{v_1} - \frac{1}{v_2}\right) = \frac{1}{10}\text{ h} \tag{9.11}$$

Dividiert man (9.11) durch $\frac{1}{v_1} - \frac{1}{v_2}$ und setzt man die Geschwindigkeiten v_1 und v_2 ein, erhält man schließlich die gesuchte Länge der Rennstrecke

$$s = \frac{\frac{1}{10}\text{ h}}{\frac{1}{v_1} - \frac{1}{v_2}} = \frac{\frac{1}{10}\text{ h}}{\frac{1}{24}\frac{\text{h}}{\text{km}} - \frac{1}{27}\frac{\text{h}}{\text{km}}} = \frac{\frac{1}{10}}{\frac{9-8}{216}}\text{ km} = \frac{108}{5}\text{ km} = 21{,}6\text{ km} \tag{9.12}$$

Die Rennstrecke ist 21,6 km lang.

h) Eine naheliegende Antwort wäre 10 km/h. Dies ist aber falsch, weil Antonia weniger Zeit auf dem zweiten Streckenabschnitt verbringt. Um für die gesamte Strecke (= 8 km) eine Durchschnittsgeschwindigkeit von 8 km/h zu erreichen, muss Antonia nach genau einer Stunde im Ziel ankommen. Dies ist die Summe der Zeiten, die Antonia für die beiden Streckenhälften benötigt. Bezeichnet $v_2 = x\cdot$ km/h Antonias Geschwindigkeit auf dem zweiten Streckenabschnitt, erhält man durch Einsetzen in (3.3) und Zusammenfassen

$$1\text{ h} = \frac{4\text{ km}}{6\frac{\text{km}}{\text{h}}} + \frac{4\text{ km}}{x\frac{\text{km}}{\text{h}}} = \frac{4}{6}\text{ h} + \frac{4}{x}\text{ h} = \left(\frac{2}{3} + \frac{4}{x}\right)\text{ h} \tag{9.13}$$

Aus dem Vergleich der Stundenzahlen folgt

$$1 = \frac{2}{3} + \frac{4}{x} \quad \text{und damit} \quad \frac{1}{3} = \frac{4}{x} \quad \text{und damit} \quad x = 4\cdot 3 = 12 \tag{9.14}$$

Antonia muss auf dem zweiten Streckenabschnitt im Durchschnitt 12 km/h schnell laufen, um auf der gesamten Strecke die Durchschnittsgeschwindigkeit von 8 km/h zu erreichen. Die rechte Gleichung in (9.14) erhält man, indem man die zweite Gleichung auf beiden Seiten mit $3x$ multipliziert.

Anmerkung: Wäre Antonia im ersten Streckenabschnitt durchschnittlich nur 4 km/h schnell gewesen, hätte sie auf der Gesamtstrecke eine Durchschnittsgeschwindigkeit von 8 km/h nicht mehr erreichen können. Sie wäre nämlich schon eine Stunde unterwegs gewesen. Es steht dem Kursleiter frei, dieses Phänomen anzusprechen. (Ein formales Vorgehen wie oben führt übrigens zu $0 = \frac{4}{x}$.)

i) Wenn die Lokomotiven der beiden Züge aneinander vorbeifahren, sind die Zugenden 170 m + 230 m = 400 m voneinander entfernt. Sie fahren mit den Geschwindigkeiten $v_1 = 185$ km/h (Zug 1) bzw. $v_2 = 135$ km/h (Zug 2) aufeinander zu. Damit entsprechen die Zugenden den beiden Autos in Teilaufgabe f), und die Gesamtlänge der beiden Züge (= 400 m = 0,4 km) entspricht der Entfernung zwischen A-Dorf und B-Dorf. Anders als in Teilaufgabe f) ist nicht der Treffpunkt gesucht, sondern die benötigte Zeit t. Unter Verwendung von Gl. (3.2) erhält man

$$0{,}4\text{ km} = v_1 t + v_2 t = (v_1 + v_2)t = 320\frac{\text{km}}{\text{h}} \cdot t \qquad \text{und damit} \quad (9.15)$$

$$t = \frac{0{,}4\text{ km}}{320\frac{\text{km}}{\text{h}}} = \frac{4}{3200}\text{ h} = \frac{1}{800}\text{ h} = \frac{3600}{800}\text{ sec} = 4{,}5\text{ sec} \qquad (9.16)$$

Der Passiervorgang der beiden Züge dauert 4,5 s. In Gl. (9.16) wurde zunächst 0,4 durch $\frac{4}{10}$ und danach 1 h durch 3600 sec ersetzt.

Mathematische Ziele und Ausblicke

Die Gl. (3.1) gehört zu den elementarsten Formeln in der Mechanik und ist klassischer Physik-Schulstoff, wenngleich nicht in der Unterstufe. In den Übungsaufgaben wird dieser Zusammenhang mit zusätzlichen Schwierigkeiten kombiniert.

(Anspruchsvolle) Bewegungsaufgaben sind bei verschiedenen Mathematikwettbewerben für die Klassenstufen 5 bis 7 sehr beliebt. Hervorzuheben sind in dieser Hinsicht die Mathematik-Olympiaden (Mathematik-Olympiaden e. V. 1996–2016, 2017–2020); vgl. z. B. die Aufgaben 590813, 580622, 570635, 570722, 560533, 530633, 520735, 510812, 440722, 390822, 380516, 350723. Die beiden ersten Ziffern geben die Olympiade an (‚58' = 58. Mathematik-Olympiade 2018/2019), die beiden mittleren Ziffern die Klassenstufe, die fünfte Ziffer die Wettbewerbsstufe (‚1' = Schulrunde, ‚2' = Regionalrunde, ‚3' = Landesrunde, ‚4' = Bundesrunde) und die letzte Ziffer die Nummer der Aufgabe.

Musterlösung zu Kap. 4 10

Dieses und das folgende Kapitel befassen sich mit dem Eulerschen Polyedersatz. In diesem Kapitel wird der Eulersche Polyedersatz eingeführt und auf einfache Beispiele angewendet, während das Folgekapitel 5 zwei komplexe Aufgaben enthält, die aus mehreren Teilaufgaben bestehen.

Dennoch ist auch dieses Kapitel für die Schüler keine leichte Kost. Das liegt auch daran, dass in mehreren Definitionen zunächst einige neue Begriffe eingeführt werden, damit die Schüler die Voraussetzungen und die Aussage des Eulerschen Polyedersatzes verstehen können. Daher ist ein behutsames Vorgehen notwendig. Um die Schüler nicht mit formalen Definitionen zu überfrachten, erklärt Carl Friedrich die Begriffe Vieleck und Körper, von denen die Schüler ja schon zahlreiche Beispiele kennen, in Dialogform und stellt den Bezug zu den bekannten Beispielen her. Die Teilaufgaben a)–c) sollen die Schüler zunächst mit den Begriffen ‚regelmäßiges Vieleck', ‚Polyeder' und ‚konvex' vertraut machen.

a) Fig. 10.1 zeigt beispielhaft vier unterschiedliche Vierecke. Viereck (a) ist ein regelmäßiges Viereck (Quadrat). Es besitzt vier gleich lange Seiten, und alle Winkel sind 90° groß. Beim Rechteck (b) sind alle Winkel 90°, aber angrenzende Seiten sind ungleich lang. Die Raute (c) besitzt vier gleich lange Seiten, wobei gegenüberliegende Seiten parallel sind. Allerdings sind die Winkel nicht gleich. Das Viereck (d) weist keine Besonderheiten auf. Vom Quadrat abgesehen, können die Lösungen der Schüler sehr unterschiedlich ausfallen. Möglicherweise haben manche Schüler ein Parallelogramm oder ein Trapez gezeichnet.

b)
- Beispiele für konvexe Körper: Würfel, Quader, Kreiszylinder, Pyramide mit quadratischer Grundfläche, Kugel, Ellipsoid.
- Beispiele für nicht-konvexe Körper: Würfel mit ausgeschnittenem Quader, Kugel mit einer Vertiefung, Torus (erinnert an einen Donut, Fig. 10.2(a)), räumliches „U" (Fig. 10.2(b)).

S. Schindler-Tschirner und W. Schindler, *Mathematische Geschichten III – Eulerscher Polyedersatz, Schubfachprinzip und Beweise, essentials,*

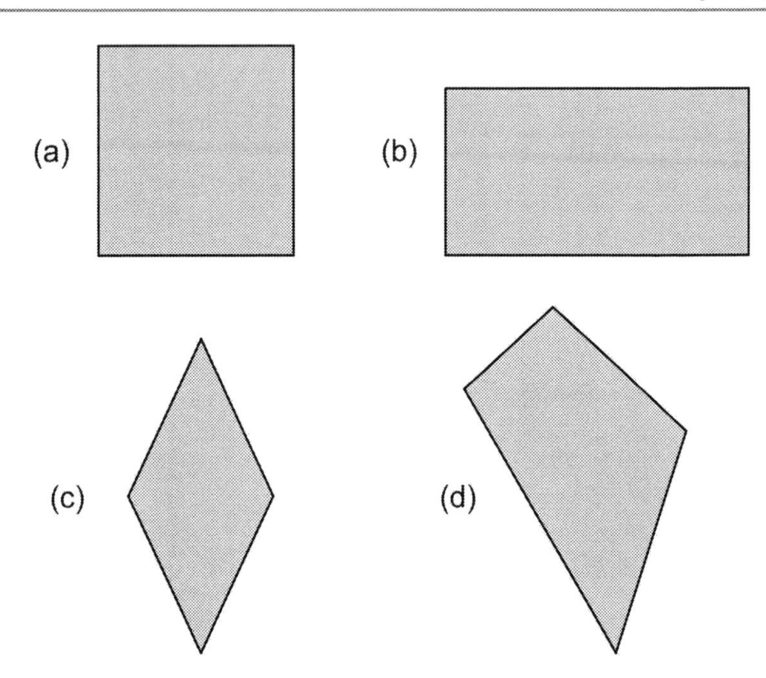

Abb. 10.1 ein regelmäßiges und drei unregelmäßige Vierecke: (a) Quadrat (regelmäßiges Viereck), (b) Rechteck, (c) Raute, (d) Viereck

c) Die Musterlösung zu b) enthält mehrere Beispiele für konvexe Körper. Darunter sind auch einige beschränkte konvexe Polyeder: Würfel, Quader, Pyramide mit quadratischer Grundfläche.

Didaktische Anregung Es ist sehr wichtig, dass die Schüler die Begriffe „beschränkt", „Polyeder" und „konvex" verinnerlichen, um die Voraussetzungen des Eulerschen Polyedersatzes zu verstehen und ihn sicher und korrekt anwenden zu können. Wichtig ist auch der Begriff eines regelmäßigen Vielecks, da regelmäßige Vielecke in Kap. 5 bei den platonischen Körpern auftreten. Sollte der Kursleiter hierbei Schwierigkeiten erkennen, empfehlen wir, mit den Schülern zusätzliche Beispiele zu besprechen. So kann man die Teilaufgabe a) z. B. zusätzlich auch für Dreiecke lösen. Es sind nur die gleichseitigen Dreiecke regelmäßig.

Die Teilaufgaben d)–f) geben den Schülern ein Gefühl für den Eulerschen Polyedersatz, der an konkreten Beispielen ‚bestätigt' wird. Am zweiten Beispiel in der

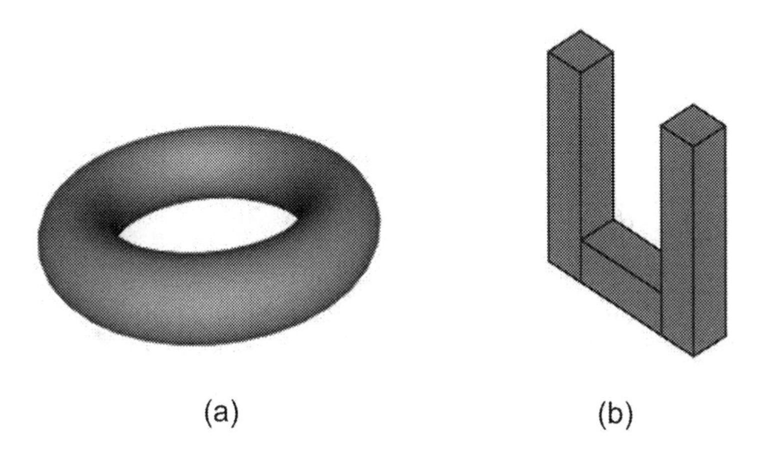

Abb. 10.2 nicht-konvexe Körper: (a) Torus, (b) räumliches „U"; erstellt mit 3D-CAD-Software FreeCAD

Musterlösung von f) kann man den Schülern zeigen, dass unterschiedliche Körper (z. B. Würfel, Quader, Pyramidenstumpf) durchaus identische Flächen-, Ecken- und Kantenzahlen haben können. Möglicherweise gelingt dies aber auch an Beispielen, die die Schüler präsentiert haben.

Anmerkung: Der Eulersche Polyedersatz wird in diesem *essential* nicht bewiesen. Der interessierte Leser sei z. B. auf (Glaeser 2014, S. 87 f.) oder (Institut für Mathematik der Johannes-Gutenberg-Universität Mainz, Monoid-Redaktion 1981–2021, Heft 119, S. 7–10), verwiesen.

e) • Für einen Quader gilt $f = 6$, $e = 8$ und $k = 12$. Einsetzen in die linke Seite von (4.1) ergibt $f + e - k = 6 + 8 - 12 = 2$.
   • Für eine Pyramide mit einer quadratischen Grundfläche ist $f = 5$, $e = 5$ und $k = 8$. Einsetzen in die linke Seite von (4.1) ergibt $f + e - k = 5 + 5 - 8 = 2$.

f) Da die Schüler sich ihre Polyeder selbst aussuchen dürfen, ist eine Musterlösung im eigentlichen Sinn natürlich nicht möglich. Stattdessen wird der Eulersche Polyedersatz beispielhaft auf zwei weitere konvexe Polyeder angewendet.

   • Zwei Pyramiden mit kongruenten quadratischen Grundflächen, die an den Grundflächen zusammengeklebt sind. Hier ist $f = 8$, $e = 6$ und $k = 12$.

- Pyramidenstumpf einer Pyramide mit quadratischer Grundfläche. Auch hier ist $f = 6$, $e = 8$ und $k = 12$, ebenso wie beim Würfel und beim Quader.

g) In den beiden letzten Teilaufgaben haben die Schüler für verschiedene konvexe Polyeder die Tripel (f, e, k) bestimmt, und die Formel (4.1) mit diesen Werten nachgerechnet. In dieser Teilaufgabe erhalten wir durch die Anwendung des Eulerschen Polyedersatzes erstmals neue Erkenntnisse, und zwar folgt aus Gl. (4.1)

$$f + e - k = 8 + e - 12 = e - 4 = 2 \tag{10.1}$$

Aus der rechten Gleichung erhält man $e = 6$. Der Polyeder könnte also z. B. aus zwei Pyramiden mit quadratischen Grundflächen bestehen, die an den Grundflächen ‚zusammengeklebt' sind (vgl. Teilaufgabe e)).

h) Im ersten Schritt bestimmen wir die Anzahl der Flächen, Ecken und Kanten des Riesendiamanten (also f, e, k). Offensichtlich ist $f = 28$. Etwas schwieriger ist es, e und k zu bestimmen. Jede der 28 Seitenflächen des Polyeders besitzt 7 Seiten, und an jeder Kante des Polyeders treffen zwei Seiten zusammen. Oder anders ausgedrückt: Jede Kante des Polyeders gehört zu zwei Seitenflächen. Aus dieser Überlegung folgt $k = \frac{28 \cdot 7}{2} = 14 \cdot 7 = 98$. (Wir haben einfach die Seiten aller Seitenflächen zusammengezählt und dann durch zwei geteilt.) Diese Überlegung werden wir im Folgenden immer wieder anwenden. Auf dieselbe Weise berechnet man die Anzahl der Ecken. Es ist $e = \frac{28 \cdot 7}{7} = 28$, weil an jeder Ecke des Polyeders 7 Seitenflächen zusammentreffen und damit jede Ecke des Polyeders eine Ecke von 7 Seitenflächen ist. Einsetzen in die Eulersche Polyederformel liefert schließlich

$$f + e - k = 28 + 28 - 98 = -42 \neq 2 \tag{10.2}$$

Der Eulersche Polyedersatz führt zu einem Widerspruch. Daher kann es keinen Riesendiamanten geben, wie er in der Schriftrolle beschrieben ist.

i) Wie in der vorhergehenden Teilaufgabe bestimmen wir zunächst f, e und k, und danach wenden wir hierauf den Eulerschen Polyedersatz an. Es ist $k = \frac{f \cdot 7}{2}$ und $e = \frac{f \cdot 7}{7} = f$. Setzt man diese Werte in die Eulersche Polyederformel (4.1) ein, müsste hieraus

$$2 = f + e - k = f + f - \frac{7f}{2} = -\frac{3f}{2} \tag{10.3}$$

folgen, falls ein solcher konvexer Polyeder tatsächlich existiert. Da $-\frac{3f}{2}$ negativ ist, führt dies zu einem Widerspruch. Damit ist damit endgültig gezeigt, dass die Schriftrolle, die dem Museumsdirektor René Antikus angeboten wurde, eine

Fälschung ist. Es gibt keinen solchen konvexen Polyeder, ganz gleich, durch welche Zahl f man die schlecht lesbare 28 ersetzt.

Mathematische Ziele und Ausblicke

Der Eulersche Polyedersatz stellt den Zusammenhang zwischen der Anzahl der Flächen, Ecken und Kanten von konvexen Polyedern her. Er ist ein wichtiges Hilfsmittel, um interessante und anspruchsvolle Aufgaben aus der räumlichen Geometrie zu lösen. Die Schüler haben den Eulerschen Polyedersatz in diesem Aufgabenkapitel verwendet, um u. a. einen alten MaRT-Fall zu lösen. Er wird auch in Kap. 5 eine zentrale Rolle spielen.

Der Eulersche Polyedersatz besitzt eine Version für planare Graphen, die z. B. auch in Universitätsvorlesungen zur Graphentheorie eine Rolle spielt. Hierauf werden wir in diesem *essential* jedoch nicht eingehen. Daneben gibt es diverse Verallgemeinerungen des Eulerschen Polyedersatzes in höheren Dimensionen und für größere Klassen von Polyedern. Allerdings sind diese Verallgemeinerungen für die Zielgruppe dieses *essentials* viel zu kompliziert.

Bei Mathematikwettbewerben kommen gelegentlich Aufgaben vor, zu deren Lösung die Kenntnis des Eulerschen Polyedersatzes notwendig ist oder das Lösen der Aufgabe zumindest deutlich erleichtert; etwa im Bundeswettbewerb Mathematik (1983, 1. Runde, 1. Aufgabe; 1999, 1. Runde, 4. Aufgabe).

Musterlösung zu Kap. 5

11

Auch in Kap. 5 dreht sich alles um den Eulerschen Polyedersatz, den die Schüler in Kap. 4 kennengelernt und in ersten einfachen Anwendungen geübt haben. Dieses Kapitel besteht aus zwei komplexen (in der Literatur wohlbekannten) Aufgaben.

Didaktische Anregung Natürlich stehen auch in diesem Kapitel die Aufgaben und deren Lösungen im Vordergrund. Allerdings sollte der Kursleiter zu Beginn genügend viel Zeit einkalkulieren, damit die Schüler eine räumliche Vorstellung von den platonischen Körpern erlangen und deren Besonderheiten verstehen und verinnerlichen. Dazu dienen die Darstellungen der platonischen Körper in Fig. 5.1 und Tab. 5.1. Ferner gibt es verschiedene (kostenlose) Webseiten wie z. B. (Universität Düsseldorf 2021), die platonische Körper durch Animationen visualisieren und damit die räumliche Vorstellung erleichtern. Die Schüler können platonische Körper drehen und Seitenflächen oder Rotationsachsen ein- und ausblenden. Eine andere Möglichkeit, Polyeder im wahrsten Sinne des Wortes zu „begreifen", besteht darin, Polyeder mit Magnetbausystemen zusammenzustecken oder aus Papier zu basteln; vgl. (Beutelspacher und Wagner 2010, Kap. 5).

a) Es ist $m \geq 3$, weil jedes Vieleck wenigstens 3 Ecken hat. Außerdem ist $p \geq 3$. Treffen in einem Punkt P nur zwei Seitenflächen zusammen, liegt P zwar auf einer Kante, ist aber keine Ecke des Polyeders.
b) Wie in den Teilaufgaben h) und i) in Kap. 4 sind $e = \frac{f \cdot m}{p}$ und $k = \frac{f \cdot m}{2}$. Der einzige Unterschied besteht darin, dass 7 durch die Variablen m und p ersetzt wird.
c) Einsetzen dieser Terme in die Eulersche Polyederformel (4.1) ergibt

$$f + e - k = f + \frac{f \cdot m}{p} - \frac{f \cdot m}{2} = 2 \qquad (11.1)$$

S. Schindler-Tschirner und W. Schindler, *Mathematische Geschichten III – Eulerscher Polyedersatz, Schubfachprinzip und Beweise, essentials,*

Didaktische Anregung Durch das Einsetzen in die Eulersche Polyederformel konnte die Gl. (11.1) hergeleitet werden, die einen Zusammenhang zwischen f, m und p herstellt. Das ist ein wichtiger Zwischenschritt. Wären in (11.1) rationale Zahlen zugelassen, gäbe es unendlich viele Lösungstripel (f, m, p). Allerdings kommen hier nur natürliche Zahlen infrage, die gewisse Randbedingungen erfüllen $(m, p \geq 3)$. Da der nächste Schritt für die Schüler nicht auf der Hand liegt, treten Anna, Bernd und Carl Friedrich auf den Plan. Carl Friedrich führt den nächsten Schritt (Ausklammern von f) aus und gibt einen Hinweis zur Lösungsstrategie.

Um den Schülern die Gelegenheit zu geben, die Beweisidee (ggf. mit Hilfestellung) selbst zu entwickeln oder zumindest die Musterlösung von d) zu verstehen, sollte den nächsten Überlegungen genügend Zeit eingeräumt werden.

d) Wir nutzen Carl Friedrichs Hinweis, dass $0 < 1 + \frac{m}{p} - \frac{m}{2}$ gelten muss. Klammert man aus den beiden letzten Termen m aus, erhält man

$$0 < 1 + \frac{m}{p} - \frac{m}{2} = 1 + m\left(\frac{1}{p} - \frac{1}{2}\right) \tag{11.2}$$

Aus a) wissen wir bereits, dass $p \geq 3$ ist. Also ist $\frac{1}{p} \leq \frac{1}{3}$, und daraus folgt $\frac{1}{p} - \frac{1}{2} < 0$. Daher kann die Ungleichung (11.2) nicht erfüllt sein, wenn m „groß" ist. Wir bestimmen jetzt, wie groß m höchstens sein kann. Wegen $p \geq 3$ ist

$$0 < 1 + m\left(\frac{1}{p} - \frac{1}{2}\right) \leq 1 + m\left(\frac{1}{3} - \frac{1}{2}\right) = 1 - \frac{m}{6} \tag{11.3}$$

Der letzte Term $1 - \frac{m}{6}$ kann aber nur positiv sein, wenn m nicht größer als 5 ist. Aus a) wissen wir, dass m mindestens 3 sein muss. Wir haben damit gezeigt, dass m nur die Werte 3, 4 oder 5 annehmen kann. Oder anders ausgedrückt: Bei platonischen Körpern können nur Dreiecke, Vierecke und Fünfecke als Seitenflächen auftreten.

Anmerkung: (i) Von potenziell unendlich vielen Werten für die Eckenzahl m der Seitenflächen sind nur noch drei Werte (3, 4, 5) übriggeblieben. Platonische Körper, deren Seitenflächen 6 oder mehr Ecken besitzen, kann es also nicht geben. Für Schüler der Unterstufe ist dieser Beweis eine schöne Leistung. Aus diesem Beweis folgt aber umgekehrt nicht, dass tatsächlich platonische Körper existieren, deren Seitenflächen Dreiecke, Vierecke oder Fünfecke sind. Allerdings belegt Tab. 5.1, dass alle drei Eckenanzahlen tatsächlich vorkommen.

(ii) Setzt man nacheinander $m = 3$, $m = 4$ und $m = 5$ in die Ungleichung

$0 < 1 + \frac{m}{p} - \frac{m}{2}$ ein, kann man auf ähnliche Weise Bedingungen für p (in Abhängigkeit von m) herleiten. Dies ist aber nicht Gegenstand dieses *essentials.*

Anmerkung: In den Teilaufgaben a)–d) wurde mit dem Eulerschen Polyedersatz nachgewiesen, dass als Seitenflächen von platonischen Körpern nur regelmäßige Dreiecke, Vierecke und Fünfecke in Frage kommen. Dies kann man auch zeigen, indem man die Winkelsumme der Seitenflächen betrachtet, die an den Ecken eines platonischen Körpers zusammentreffen. Da der hier geführte Beweis weder die Regelmäßigkeit noch die Kongruenz der Seitenflächen ausnutzt, beweist dies sogar einen allgemeineren Sachverhalt: Wenn alle Seitenflächen eines konvexen Polyeders (nicht notwendigerweise regelmäßige und kongruente) m-Ecke sind und an jeder Ecke p Seiten zusammentreffen, muss $m \leq 5$ sein.

Didaktische Anregung In den Kap. 2 und 4 und in diesem Kapitel werden Beweise geführt. Mit dem Schubfachprinzip haben die Schüler ‚positive' Aussagen bewiesen („Von 8 Personen wurden zwei am gleichen Wochentag geboren" o. ä.), während wir mit dem Eulerschen Polyedersatz ‚negative' Aussagen bewiesen haben, nämlich dass konvexe Polyeder mit bestimmten Eigenschaften nicht existieren können. Dieser Unterschied sollte mit den Schülern herausgearbeitet werden.

e) Man sieht in Fig. 5.2 (und Carl Friedrich hat das explizit erwähnt), dass an jeder Ecke des Fußballs (und des zugehörigen Polyeders) 3 Seitenflächen zusammenstoßen. Die w Sechsecke und die s Fünfecke besitzen zusammen $6w + 5s$ Seiten und Eckpunkte. Nach mittlerweile bekanntem Muster ergibt sich hieraus

$$f = w + s\,, \quad e = \frac{6w + 5s}{3}\,, \quad k = \frac{6w + 5s}{2} \tag{11.4}$$

f) Setzt man f, e und k in die Eulersche Polyederformel (4.1) ein, so folgt aus Gl. (11.4)

$$\begin{aligned} f + e - k &= w + s + \frac{6w + 5s}{3} - \frac{6w + 5s}{2} \\ &= w\,(1 + 2 - 3) + s\left(1 + \frac{5}{3} - \frac{5}{2}\right) = \frac{s}{6} = 2 \end{aligned} \tag{11.5}$$

g) Multipliziert man die letzte Gleichung mit 6, erhält man $s = 12$.

h) Gl. (11.5) hilft nicht weiter, weil w dort nicht vorkommt. Stattdessen schauen wir uns noch einmal den Fußball an. Jede Seite eines schwarzen 5-Ecks grenzt an eine Seite eines weißen Sechsecks an. Insgesamt sind dies $5s = 5 \cdot 12 = 60$ Seiten. Andererseits haben w Sechsecke insgesamt $6w$ Seiten, und die Hälfte dieser Seiten, also $3w$ Seiten, grenzt an eine Seite eines schwarze Fünfecks an. Wegen $s = 12$ folgt daraus

$$3w = 5s = 5 \cdot 12 = 60 \tag{11.6}$$

Teilt man die Gl. (11.6) durch 3, erhält man $w = 20$. Der Fußball besteht also aus 20 weißen Sechsecken und 12 schwarzen Sechsecken.
Anmerkung: Der Schlüssel zur Lösung bestand darin, die Anzahl der Kanten zu betrachten, an denen ein weißes Sechseck mit einem schwarzem Fünfeck zusammentrifft. Weil wir deren Anzahl auf direktem Weg nicht bestimmen konnten, haben wir diese Kanten aus Sicht der Sechsecke und einmal aus Sicht der Fünfecke gezählt und so die Gl. (11.6) hergeleitet. Diese Beweistechnik tritt vor allem in der Kombinatorik auf und wird als „doppeltes Abzählen" bezeichnet.

Didaktische Anregung Wir haben mit dem Eulerschen Polyedersatz gerade ein ‚positives' Ergebnis erzielt (vgl. die letzte didaktische Anmerkung), nämlich, aus wie vielen 5- und 6-Ecken die Oberfläche eines Fußballs besteht. Das liegt daran, dass hier außer Frage steht, ob ein Fußball mit den in der Aufgabe spezifizierten Eigenschaften tatsächlich existiert. Dieser Unterschied sollte mit den Schülern besprochen werden.

Mathematische Ziele und Ausblicke
Es wurde bereits im Aufgabenkapitel 5 herausgearbeitet, dass platonische Körper ein hohes Maß an Symmetrie aufweisen. So gibt es beispielsweise 24 Drehungen und Spiegelungen, die den Würfel auf sich selbst abbilden. Diese bilden die sogenannte Symmetriegruppe des Würfels. Die Symmetriegruppe des Ikosaeders besteht sogar aus 120 Drehungen und Spiegelungen.

Die Symmetrieeigenschaften haben schon in der Antike besonderes Interesse an den platonischen Körper geweckt. Benannt sind sie nach dem griechischen Philosophen Platon (ca. 427–347 v. Chr.). Er gab Konstruktionsvorschriften an und ordnete vier platonischen Körpern die vier Elemente der griechischen Naturphilosophie zu: Tetraeder (Feuer), Würfel (Erde), Oktaeder (Luft), Ikosaeder (Wasser). Den Dodekaeder verwendete er bei der Konstruktion des Weltalls (Platon, *Timaios* 53b–56c). Euklid hat bereits um 300 v. Chr. in seinen „Elementen" in Kap. XIII bewiesen, dass es nur 5 verschiedene platonische Körper gibt.

Aufgrund ihrer Symmetrie spielen platonische und archimedische Körper auch bei chemischen Verbindungen eine Rolle. Kochsalz und Alaun bilden Würfelkris-

Abb. 11.1 Briefmarken zu Ehren Leonhard Eulers; Eulerscher Polyedersatz als Teil des Motivs

talle, und reines Alaun kristallisiert als Oktaeder. Pyritkristalle können die Form eines Würfels oder Dodekaeders annehmen; vgl. auch (Glaeser 2014, Abschn. 3.3). Im Jahr 1996 erhielten drei Forscher aus Großbritannien und den USA den Nobelpreis für Chemie für die Entdeckung und Erforschung der Fullerene. Hierzu gehört u. a. das C_{60}-Molekül, eine stabile Kohlenstoffverbindung, dessen Strukturmodell die Form eines Ikosaederstumpfs besitzt und auch als Fußballmolekül bezeichnet wird; siehe auch (Beutelspacher und Wagner 2010).

Fig. 11.1 zeigt zwei Briefmarken, die zu Ehren des großen schweizer Mathematikers Leonhard Euler (1707–1783) herausgegeben wurden. Auf beiden Briefmarken erkennt man die Eulersche Polyederformel, und die linke Briefmarke zeigt zudem einen Ikosaeder.

Die Fußballaufgabe kam übrigens unter anderem (in allgemeinerer Form) im Bundeswettbewerb Mathematik 1983 vor (1. Runde, 1. Aufgabe). Dieser „Fußball-Polyeder" ist kein platonischer Körper. Es ist ein Ikosaederstumpf und zählt zu den sogenannten archimedischen Körpern.

Musterlösung zu Kap. 6

12

Anders als in den Aufgabenkapiteln 4 und 5 sollte es in diesem und im folgenden Kapitel kaum zu begrifflichen Schwierigkeiten kommen. Probleme dürften sich eher aus den für die Schüler ungewohnten Schlussweisen ergeben. Anders als Kap. 5 enthält Kap. 6 nicht wenige, komplexe Aufgaben, sondern eine Vielzahl unterschiedlicher Teilaufgaben. Für Kap. 6 sollten 2 bis 3 Kurstreffen vorgesehen werden.

Die Teilaufgaben a), b) und c) sind einfach und sollen die Schüler mit den kommenden Fragestellungen vertraut machen. In c) erfolgt die Aufzählung in lexikographischer Ordnung, was der Vorbereitung von Teilaufgabe e) dient, in der das erste wichtige Ergebnis des Kapitels 6 bewiesen wird.

a) Es gibt offensichtlich nur 2 solche Zahlen, und zwar 38 und 83.
b) Um Schreibarbeit zu sparen, kürzen wir „blaue Kugel", „grüne Kugel" und „rote Kugel" mit b, g und r ab. Es gibt 6 Möglichkeiten, die 3 Kugeln anzuordnen: bgr, brg, gbr, grb, rbg, rgb.
c) Es gibt insgesamt 24 Wörter: ABCD, ABDC, ACBD, ACDB, ADBC, ADCB, BACD, BADC, BCAD, BCDA, BDAC, BDCA, CABD, CADB, CBAD, CBDA, CDAB, CDBA, DABC, DACB, DBAC, DBCA, DCAB, DCBA. Man erkennt, dass es 6 Wörter gibt, die mit A (mit B, mit C, mit D) beginnen.
d) In d) und e) wird mit Fakultäten gerechnet, um die Schüler hiermit vertraut zu machen. Es ist

$$1! = 1, \qquad 2! = 1 \cdot 2 = 2, \qquad 3! = 1 \cdot 2 \cdot 3 = 6, \qquad 4! = 24, \qquad 5! = 120 \tag{12.1}$$

e) Es sollte darauf geachtet werden, dass die Schüler die Brüche geschickt ausrechnen. In den Gl. (12.2) und (12.3) wird $n!$ als Vielfaches von kleineren Fakultäten ausgedrückt, um die Brüche einfach kürzen zu können.

S. Schindler-Tschirner und W. Schindler, *Mathematische Geschichten III – Eulerscher Polyedersatz, Schubfachprinzip und Beweise*, essentials.

$$\frac{5!}{7!} = \frac{5!}{7 \cdot 6 \cdot 5!} = \frac{1}{7 \cdot 6} = \frac{1}{42}, \quad \frac{12!}{11!} = \frac{12 \cdot 11!}{11!} = 12 \quad \text{und} \tag{12.2}$$

$$\begin{aligned}\frac{n!}{(n-k)!} &= \frac{n(n-1)\cdots(n-k+1)(n-k)!}{(n-k)!} \\ &= n(n-1)\cdots(n-k+1)\end{aligned} \tag{12.3}$$

f) Es ist klar, dass zwei Permutationen verschieden sind, wenn sie sich mindestens an einer Position unterscheiden. Es gibt n Möglichkeiten, die erste Position zu besetzen. Für $n = 1$ sind wir fertig. Ist $n > 1$, bleiben $n - 1$ Objekte für die Positionen 2 bis n übrig, ganz gleich, welches Objekt sich an der ersten Position befindet. Daher gibt es zu jeder Besetzung der ersten Position $(n - 1)$ Möglichkeiten, die zweite Position zu besetzen. Also gibt es insgesamt $(n - 1) + \cdots + (n - 1) = n(n - 1)$ Möglichkeiten, die beiden ersten Positionen zu besetzen. Diesen Prozess setzt man für die Positionen $3, 4, \ldots, n - 1, n$ fort. Daraus folgt, dass es $n(n - 1) \cdots 2 \cdot 1 = n!$ Permutationen gibt, womit die Behauptung der Aufgabe bewiesen ist.

Didaktische Anregung Vor allem für jüngere Kursteilnehmer kann der allgemeine Beweis in Teilaufgabe f) schwierig sein. Dann bietet es sich an, den Beweis zunächst für $n = 3$ oder $n = 4$ zu besprechen, was den Teilaufgaben b) und c) entspricht. Abb. 12.1 illustriert den Beweis für $n = 3$ mit einem Baumdiagramm.

g) Aus f) folgt, dass es $8! = 40.320$ verschiedene Playlists aus 8 Musiktiteln gibt. Timm benötigt also 40.320 Tage, bis er alle möglichen Playlists gehört hat. Wegen der Schaltjahre hat ein Jahr durchschnittlich 365,25 Tage. Das sind $40.320 : 365{,}25 \approx 110{,}39$ Jahre. Da Timm gerade 11 Jahre alt geworden ist, wäre er dann 121 Jahre alt.
Teilaufgabe g) ist eine einfache Anwendung der allgemeinen Formel aus f). Durch d) und am Beispiel 8! sollen die Schüler ein Gefühl dafür bekommen, wie schnell Fakultäten wachsen, wenn n größer wird.

Didaktische Anregung Auch die übrigen Teilaufgaben befassen sich mit Permutationen. Allerdings kommen Zusatzbedingungen hinzu, die die Lösung komplizierter machen. Es ist eine Überlegung wert, die Teilaufgaben j), k) und l) nur den leistungsstärksten Kursteilnehmern zur Bearbeitung zu geben.

h) Es gibt $5! = 120$ Möglichkeiten, 5 unterschiedlich gefärbte Kugeln nebeneinander zu legen. Wie sieht das aus, wenn wir zwei blaue Kugeln haben? In

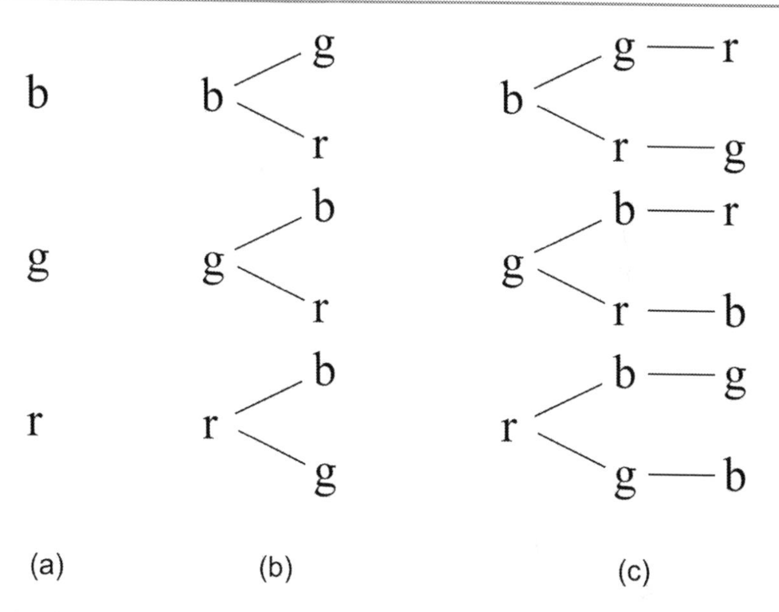

Abb. 12.1 (a) Belegungen von Position 1, (b) Belegungen von Position 1 und 2, (c) alle Permutationen von b, g und r

einem Gedankenexperiment markieren wir die beiden blauen Kugeln zunächst mit einer kleinen „1" (b_1) und einer kleinen „2" (b_2), um sie unterscheidbar zu machen. Dann gibt es wie bisher 5! Permutationen. Vertauscht man in einer beliebigen Permutation die blaue Kugel b_1 mit der blauen Kugel b_2, erhält man eine andere Permutation. Wischen wir jetzt die Markierungen auf den blauen Kugeln weg, erhalten wir beide Male dieselbe Permutation. Daher beträgt die Anzahl der verschiedenen Anordnungen bei zwei (ununterscheidbaren) blauen Kugeln

$$\frac{5!}{2!} = \frac{120}{2} = 60 \tag{12.4}$$

Der Term 2! entspricht der Anzahl der Permutationen von 2-elementige Mengen mit unterschiedlichen Elementen (hier: Positionen der blauen Kugeln).

i) Diese Teilaufgabe löst man im Prinzip wie die vorherige. Macht man die identischen Buchstaben durch Indizes unterscheidbar (D_1, D_2, E_1, E_2, E_3), gibt es 7! Permutationen. Nimmt man die Indizes wieder weg, kann man die D's und E's untereinander vertauschen, ohne dass sich dadurch die Anordnung der Buchstaben ändert. Nun gibt es 2! Permutationen, die die D's vertauschen und 3!

Permutationen, die die E's vertauschen. Weil man die Permutation der D's und die Permutation der E's unabhängig wählen kann, erhält man

$$\frac{7!}{2! \cdot 3!} = \frac{7!}{2 \cdot 6} = 420 \tag{12.5}$$

Permutationen.

j) Ohne weitere Einschränkungen hat der Ober 10! (= 3.628.800) Möglichkeiten, 10 Gäste an der Tischseite zu platzieren. Wollen alle Ehepaare nebeneinander sitzen, muss auf Stuhl 2 der Ehepartner des Gastes von Stuhl 1 sitzen. Ebenso muss auf den Stühlen 3 und 4, 5 und 6, 7 und 8, 9 und 10 jeweils ein Ehepaar sitzen. Die erste Frage ist, auf wie viele Möglichkeiten man die 5 Ehepaare auf die 5 Stuhlgruppen $\{1, 2\}$, $\{3, 4\}$, $\{5, 6\}$, $\{7, 8\}$ und $\{9, 10\}$ verteilen kann. Das sind 5! Möglichkeiten. Für jede Verteilung der Ehepaare auf die Stuhlgruppen dürfen sich die Ehepaare innerhalb ihrer Stuhlgruppe beliebig setzen. Für jedes Ehepaar ergeben sich dadurch $2! = 2$ Möglichkeiten. Für alle 5 Ehepaare zusammen ergeben sich daher $2 \cdot 2 \cdot 2 \cdot 2 \cdot 2 = 2^5$ Möglichkeiten. Folglich gibt es

$$5! \cdot 2^5 = 3840 \tag{12.6}$$

zulässige Permutationen. Die Bedingung, dass alle Ehepaare nebeneinander sitzen wollen, reduziert die Anzahl der zulässigen Permutationen um den Faktor 945. Auch bei der dritten Fragestellung gibt es 5! Möglichkeiten, die Ehepaare auf den Stuhlgruppen zu platzieren. Für jede Anordnung der Ehepaare auf den 5 Stuhlgruppen gibt es nur 2 Möglichkeiten, die 10 Gäste zu platzieren, weil die Belegung von Stuhl 1 festlegt, ob auf den Stühlen 1, 3, 5, 7 und 9 Männer oder Frauen sitzen. Daher existieren hier nur $5! \cdot 2 = 240$ zulässige Permutationen.

k) Wir nummerieren die Stühle von 1 bis 7. Wenn es darauf ankäme, auf welchen Stühlen die Gäste sitzen, gäbe es 7! verschiedene Sitzordnungen, ebenso viele, wie es Permutationen von unterscheidbaren Objekten gibt. Es sei nun eine beliebige Permutation der 7 Gäste gegeben. Wenn alle Gäste k Stühle nach links rutschen, behalten alle Gäste ihre rechten und linken Nachbarn. Das gilt für jedes $k \in \{0, 1, \ldots, 6\}$. (Für $k = 0$ bleiben alle Gäste sitzen.) Und umgekehrt: Damit alle Gäste ihre rechten Sitznachbarn behalten, müssen alle Gäste um dieselbe Anzahl an Stühlen weiterrutschen. Das bedeutet, dass jeweils 7 Permutationen zur selben Sitzordnung im Sinne dieser Teilaufgabe gehören. Daraus folgt, dass es

$$\frac{7!}{7} = 6! = 720 \tag{12.7}$$

Sitzordnungen gibt.

l) Wir beginnen mit einer beliebigen Permutation und beantworten zunächst Frage (*), wie viele Permutationen es gibt, die zur gleichen Sitzordnung gehören und bei denen derselbe Gast („Gast 1") auf Stuhl 1 sitzt. Bleiben die beiden Sitznachbarn von Gast 1 sitzen, muss das auch für deren rechten bzw. linken Sitznachbarn gelten. Das gleiche gilt für die Sitznachbarn der Sitznachbarn, womit bereits die gesamte Permutation festgelegt ist (= Ausgangspermutation). Tauschen der rechte und der linke Sitznachbar von Gast 1 ihre Plätze, müssen dies auch deren Sitznachbarn und die Sitznachbarn der Sitznachbarn tun. Damit ist die Permutation festgelegt. (Alle rechten Sitznachbarn wurden zu linken Sitznachbarn und umgekehrt.) Damit ist Frage (*) beantwortet, und zwar gibt es zwei solche Permutationen. Andererseits kann Gast 1 auf jedem der 7 Stühle sitzen. Rutschen alle Gäste in einer der beiden Permutationen aus (*) um $k \in \{0, \ldots, 6\}$ Positionen weiter, erhält man $7 \cdot 2$ Permutationen, bei denen alle Gäste dieselben Nachbarn haben wie in der Ausgangspermutation. Da die direkten Nachbarn von Gast 1 die übrigen Positionen festlegen, gibt es keine weiteren Permutationen mit dieser Eigenschaft. Also gehören genau $7 \cdot 2$ Permutationen zur selben Sitzordnung. Daher gibt es insgesamt

$$\frac{7!}{7 \cdot 2} = \frac{6!}{2} = 360 \tag{12.8}$$

Sitzordnungen im Sinne der Aufgabenstellung, womit der alte MaRT-Fall gelöst ist.

Mathematische Ziele und Ausblicke

Im Schulunterricht wird die Kombinatorik meist im Rahmen der Stochastik in der Oberstufe behandelt. In Mathematikwettbewerben kommen kombinatorische Fragestellungen jedoch deutlich früher vor. Dies war ein wichtiger Grund dafür, die Kap. 6 und 7 in dieses *essential* aufzunehmen.

Bei den Mathematik-Olympiaden (Mathematik-Olympiaden e. V. 1996–2016, 2017–2020) stehen Aufgaben zur Kombinatorik für die Klassenstufen 5 bis 7 seit mehr als zwei Jahrzehnten regelmäßig auf dem Programm. Der interessierte Leser sei exemplarisch auf die Aufgaben 600522, 590622, 580631, 570735, 450931, 440534, 440614, 440722, 360736, 350532, 350622 verwiesen. Die Systematik in den Aufgabennummern wurde bereits in Kap. 9 ausführlich erläutert.

13 Musterlösung zu Kap. 7

Kap. 7 setzt Kap. 6 thematisch fort. Es werden weitere Basistechniken aus der Kombinatorik erarbeitet und durch Übungsaufgaben vertieft. Auch für dieses Kapitel sollte der Kursleiter zwei bis drei Kurstreffen einplanen.

a) Da die gezogenen Kugeln in die Urne zurückgelegt werden, kann jede Ziffer der vierstelligen Zahl die Werte 0 bis 9 annehmen. Die erste Ziffer kann also 10 unterschiedliche Werte annehmen. Dasselbe gilt für die zweite Ziffer, und zwar unabhängig davon, welchen Wert die erste Ziffer angenommen hat. Daher gibt es $10 + \cdots + 10 = 10 \cdot 10 = 100$ mögliche zweistellige Zahlen. Unabhängig von den beiden ersten Ziffern kann die dritte Ziffer 10 unterschiedliche Werte annehmen, sodass $100 \cdot 10 = 1000$ unterschiedliche dreistellige Zahlen möglich sind. Wendet man dieselbe Überlegung noch einmal an, erkennt man, dass $10^4 = 10.000$ verschiedene vierstellige Zahlen auftreten können.
b) Auch hier kann die erste Ziffer 10 verschiedene Werte annehmen. Da die gezogenen Kugeln nicht zurückgelegt werden, bleiben für die zweite Ziffer nur noch 9 mögliche Werte übrig. Ebenso bleiben für die dritte und vierte Ziffer nur noch 8 bzw. 7 mögliche Wette übrig. Daraus folgt, dass $10 \cdot 9 \cdot 8 \cdot 7 = 5040$ verschiedene vierstellige Zahlen auftreten können. Zur zweiten Frage: Es können nur Zahlen auftreten, die aus vier unterschiedlichen Ziffern bestehen.
Anmerkung: Die Argumentation ist die gleiche wie in Kap. 12, f).
c) Für c), d) und e) genügt es, die Zahlenwerte in die beiden allgemeinen Formeln einzusetzen, die Carlotta vorgestellt hat.
(i) Ziehen mit Zurücklegen: Es existieren $13^3 = 2197$ geordnete Stichproben.
(ii) Ziehen ohne Zurücklegen: Es existieren $13 \cdot 12 \cdot 11 = 1716$ geordnete Stichproben.

S. Schindler-Tschirner und W. Schindler, *Mathematische Geschichten III – Eulerscher Polyedersatz, Schubfachprinzip und Beweise, essentials,*

d) (i) Ziehen mit Zurücklegen: Es existieren $6^6 = 46\,656$ geordnete Stichproben.
(ii) Ziehen ohne Zurücklegen: Es existieren $6 \cdot 5 \cdot 4 \cdot 3 \cdot 2 \cdot 1 = 6! = 720$ geordnete Stichproben.
e) (i) Ziehen mit Zurücklegen: Es existieren $8^3 = 512$ geordnete Stichproben.
(ii) Ziehen ohne Zurücklegen: Es existieren $8 \cdot 7 \cdot 6 = 336$ geordnete Stichproben.
f) Da es offensichtlich keine Rolle spielt, woran man die 8 Kugeln unterscheiden kann (Farbe, Aufschrift, Muster o. ä.), können wir annehmen, dass die 8 Kugeln mit den Zahlen 1 bis 8 beschriftet sind. Aus e) wissen wir bereits, dass es $8 \cdot 7 \cdot 6 = 336$ geordnete Zahlentripel gibt. Allerdings spielt hier die Reihenfolge keine Rolle, in der die drei Zahlen gezogen wurden, sondern nur *welche* Zahlen gezogen wurden. Da in jedem geordneten Tripel drei unterschiedliche Zahlen vorkommen, gibt es jeweils $3! = 6$ Tripel, in denen die gleichen drei Zahlen vorkommen. Daher gibt es

$$\frac{8 \cdot 7 \cdot 6}{3!} = 8 \cdot 7 = 56 \qquad (13.1)$$

Möglichkeiten, wenn die Reihenfolge der gezogenen Kugeln keine Rolle spielt.

Didaktische Anregung In g) wird mit Binomialkoeffizienten gerechnet. Dies sollten alle Schüler bewältigen können, da nur die Definition benötigt wird und Brüche gekürzt werden. Es bietet sich wieder eine Gelegenheit, Erfolgserlebnisse zu sammeln, um das Selbstvertrauen zu stärken. Teilaufgabe h) bietet sich als Zusatzaufgabe an.

g) Kürzen und Ausmultiplizieren ergibt

$$\binom{6}{4} = \frac{6!}{(6-4)! \cdot 4!} = \frac{6 \cdot 5 \cdot 4!}{2! \cdot 4!} = 3 \cdot 5 = 15, \qquad (13.2)$$

$$\binom{7}{2} = \frac{7!}{(7-2)! \cdot 2!} = \frac{7 \cdot 6 \cdot 5!}{5! \cdot 2!} = 7 \cdot 3 = 21, \quad \binom{4}{0} = \frac{4!}{4! \cdot 0!} = 1, \qquad (13.3)$$

$$\binom{8}{1} = \frac{8!}{7! \cdot 1!} = 8, \quad \binom{8}{7} = \frac{8!}{1! \cdot 7!} = 8 \qquad (13.4)$$

Beim Kürzen wurden die Überlegungen aus Kap. 6, e) angewendet.
h) Die Behauptung folgt durch Einsetzen in die Definition (7.1).

$$\binom{n}{n-k} = \frac{n!}{(n-(n-k))! \cdot (n-k)!} = \frac{n!}{k! \cdot (n-k)!} = \binom{n}{k} \qquad (13.5)$$

Für $(n, k) = (8, 1)$ wurde die Gleichheit bereits in Gl. (13.4) nachgerechnet.

i) Der Beweis funktioniert wie in f), nur dass n und k an die Stelle der Zahlen 8 und 3 treten. Den Zusammenhang zwischen ungeordneten Stichproben (Kombinationen) und Teilmengen hat Bernd gerade erklärt. Die geordneten k-elementigen Stichproben (Variationen) haben die Form $(m_1, \ldots, m_k)$, wobei $m_1, \ldots, m_k \in \{1, \ldots, n\}$ und die Zahlen $m_1, \ldots, m_k$ verschieden sind. Zu jeder k-elementigen Teilmenge $\{m_1, \ldots, m_k\}$ existieren daher $k!$ unterschiedliche Variationen, in denen die Zahlen $m_1, \ldots, m_k$ auftreten, jedoch in unterschiedlicher Reihenfolge. Wir wissen bereits, dass es $n(n-1)\cdots(n-k+1)$ verschiedene k-elementige Variationen gibt. Daher besitzt $\{1, \ldots, n\}$

$$\frac{n(n-1)\cdots(n-k+1)}{k!} = \frac{n!}{(n-k)! \cdot k!} = \binom{n}{k} \tag{13.6}$$

k-elementige Teilmengen. Das erste Gleichheitszeichen erhält man, indem man $n(n-1)\cdots(n-k+1)$ durch $\frac{n!}{(n-k)!}$ ersetzt; vgl. Kap. 6, e).

j) Die Menge $\{1, 2, 3, 4\}$ hat 4 Elemente. Daher existieren

$$\binom{4}{3} = \frac{4!}{(4-3)! \cdot 3!} = \frac{4 \cdot 3!}{1! \cdot 3!} = 4 \tag{13.7}$$

3-elementige Teilmengen. Die Menge $\{A, c, 67, s, 2\}$ enthält 5 Elemente. Daher existieren

$$\binom{5}{3} = \frac{5!}{(5-3)! \cdot 3!} = \frac{5 \cdot 4 \cdot 3!}{2! \cdot 3!} = 10 \tag{13.8}$$

3-elementige Teilmengen.

k) Beim Zahlenlotto „6 aus 49" ist $n = 49$ und $k = 6$. Daher gibt es

$$\binom{49}{6} = \frac{49 \cdot 48 \cdot 47 \cdot 46 \cdot 45 \cdot 44 \cdot 43!}{43! \cdot 6!} = 49 \cdot 47 \cdot 46 \cdot 3 \cdot 44 = 13.983.816 \tag{13.9}$$

verschiedene Tipps.

Anmerkung: Fakultäten wachsen sehr schnell an. So ist beispielsweise 49! eine 63-stellige Dezimalzahl. Deshalb sollte man Binomialkoeffizienten $\binom{n}{k}$ zuerst kürzen, sofern n und k nicht sehr klein sind.

Didaktische Anregung Die beiden folgenden Teilaufgaben sind schwieriger, da die Schüler zusätzliche Überlegungen anstellen müssen. Je nach Zusammensetzung des Kurses können die Teilaufgaben weggelassen oder nur leistungstärkeren Schüler gegeben werden.

l) (i) Um auf einem kürzesten Weg zu gehen, darf die Ameise an jeder Abzweigung nur nach rechts oder nach oben gehen, aber niemals nach links oder nach unten. Daher bestehen alle kürzesten Wege aus 10 Gitterabschnitten, wobei die Ameise 6 Mal nach rechts und 4 Mal nach oben geht. Die kürzesten Wege sind $10 \cdot 2\,\text{cm} = 20\,\text{cm}$ lang. Welche 4 der 10 Streckenabschnitte nach oben führen, ist für die Länge des Weges unerheblich.
Die Nummern der 4 Schritte, in denen die Ameise nach oben geht, kann man als eine 4-elementige Teilmenge von $\{1, \ldots, 10\}$ auffassen. Daher gibt es so viele kürzeste Wege von A nach B wie es 4-elementige Teilmengen von $\{1, \ldots, 10\}$ gibt. Das sind

$$\binom{10}{4} = \frac{10 \cdot 9 \cdot 8 \cdot 7 \cdot 6!}{(10-4)! \cdot 4!} = \frac{10 \cdot 9 \cdot 8 \cdot 7}{4 \cdot 3 \cdot 2} = 10 \cdot 3 \cdot 7 = 210 \qquad (13.10)$$

Anmerkung: Alternativ kann man die vier Schritte, in denen die Ameise nach oben geht, auch über ein Urnenmodell erklären, indem man aus einer Urne mit den Kugeln 1 bis 10 vier Kugeln ohne Zurücklegen zieht (ungeordnete Stichprobe).
Möglicherweise lösen manche Teilnehmer die Aufgabe, indem sie sich auf die Nummern der 6 Streckenabschnitte konzentrieren, in denen die Ameise nach rechts geht. Das ist natürlich auch richtig und führt wegen $\binom{10}{4} = \binom{10}{6}$ zum gleichen Ergebnis.
(ii) Mit derselben Begründung wie in (i) gibt es $\binom{6}{3} = 20$ kürzeste Wege von A nach C und $\binom{4}{1} = 4$ kürzeste Wege von C nach B. Die kürzesten Wege von A nach B über C erhält man, indem man die kürzesten Wege von A nach C mit den kürzesten Wegen von C nach B kombiniert. Daher gibt es insgesamt

$$\binom{6}{3} \cdot \binom{4}{1} = 20 \cdot 4 = 80 \qquad (13.11)$$

kürzeste Wege von A nach B, die über C führen.

m) Für jedes Paar von Personen in der 27-elementigen Teilmenge M besteht eine (F/kF)-Beziehung (F = Freund, kF = kein Freund). Es gibt $\binom{27}{2} = \frac{27 \cdot 26}{2} = 351$ Personenpaare. (Ein Personenpaar ist eine 2-elementige Teilmenge von M.) Jedes dieser Personenpaare kann befreundet sein (F) oder nicht (kF). Die verbleibende Frage, wie viele (F/kF)-Kombinationen existieren, kann man mit einem Urnenmodell berechnen. Die Urne enthält zwei Kugeln, die mit F bzw. kF beschriftet sind. Es wird 351 Mal eine Kugel gezogen und danach wieder in die Urne zurückgelegt. Es gibt also 2^{351} geordnete Stichproben (= mögliche (F/kF)-Beziehungen). So viele (F/kF)-Beziehungen müsste Anna berücksichtigen, was aber nicht praktisch möglich ist. (2^{351} ist eine 106-stellige Dezimalzahl.)

Anmerkung: Für k-elementige Teilmengen existieren $2^{\binom{k}{2}}$ (F/kF)-Beziehungen.

Mathematische Ziele und Ausblicke

Die Kombinatorik ist ein Teilgebiet der diskreten Mathematik. Sie besitzt verschiedene Anwendungsgebiete, darunter die Wahrscheinlichkeitstheorie, ein Teilgebiet der Stochastik. Um etwa die Wahrscheinlichkeit zu berechnen, bei 10 Würfen mit einer fairen Münze genau 3 Mal Wappen zu beobachten, genügt es (bis auf Normierung), die Anzahl der 3-elementigen Teilmengen einer 10-elementigen Menge zu bestimmen.

Die Anfänge der Wahrscheinlichkeitsrechnung waren durch Glücksspiele motiviert. Im 17. Jahrhundert kontaktierte Chevalier de Méré, ein Schriftsteller und Spieler, den französischen Philosophen und Mathematiker Blaise Pascal. Chevalier de Méré hatte mit einer Würfelwette im Lauf der Zeit viel Geld gewonnen, das er mit einer anderen Wette wieder verlor, obwohl nach seinem Verständnis beide Wetten gleiche Gewinnchancen bieten sollten. Tatsächlich irrte sich Chevalier de Méré: Während ihm seine erste Wette eine Gewinnwahrscheinlichkeit von mehr als 51 % bot, lag seine Gewinnwahrscheinlichkeit bei der zweiten Wette nur bei etwa 49 %, was seine praktischen Erfahrungen erklärt; vgl. z. B. (Schülerduden Mathematik II 2004), Stichwörter ‚Wahrscheinlichkeitsrechnung‘ und ‚Würfelparadoxon von de Méré‘.

Was Sie aus diesem *essential* mitnehmen können

Dieses Buch stellt sorgfältig ausgearbeitete Lerneinheiten mit ausführlichen Musterlösungen für eine Mathematik-AG für begabte Schülerinnen und Schüler in der Unterstufe bereit. In sechs mathematischen Kapiteln haben Sie

- gelernt, wie man mit dem Schubfachprinzip Probleme aus unterschiedlichen mathematischen Gebieten lösen kann.
- für verschiedene Typen von Bewegungsaufgaben Gleichungen hergeleitet und diese gelöst.
- den Eulerschen Polyedersatz verstanden und selbst angewendet und platonische Körper kennengelernt.
- einen ersten Einblick in Basistechniken der Kombinatorik erhalten und diese Methoden selbst angewendet.
- gelernt, dass in der Mathematik Beweise notwendig sind, und Sie haben Beweise in unterschiedlichen Anwendungskontexten selbst geführt.

S. Schindler-Tschirner und W. Schindler, *Mathematische Geschichten III – Eulerscher Polyedersatz, Schubfachprinzip und Beweise*, *essentials*,

Literatur

Amann, F. (1993). Mathematik im Wettbewerb. Beispiele aus der Praxis. Stuttgart: Klett.
Amann, F. (2017). Mathematikaufgaben zur Binnendifferenzierung und Begabtenförderung. 300 Beispiele aus der Sekundarstufe I. Wiesbaden: Springer Spektrum.
Ballik, T. (2012). Mathematik-Olympiade. Brunn am Gebirge: Ikon.
Bardy, T. & Bardy, P. (2020). Mathematisch begabte Kinder und Jugendliche. Theorie und (Förder-)Praxis. Berlin: Springer Spektrum.
Bauersfeld, H. & Kießwetter, K. (Hrsg.) (2006). Wie fördert man mathematisch besonders befähigte Kinder? – Ein Buch aus der Praxis für die Praxis. Offenburg: Mildenberger.
Beutelspacher, A. (2020). Null, unendlich und die wilde 13. Die wichtigsten Zahlen und ihre Geschichten (2. Aufl.). München: Beck.
Beutelspacher, A. & Wagner, M. (2010). Wie man durch eine Postkarte steigt ... und andere mathematische Experimente (2. Aufl.). Freiburg im Breisgau: Herder.
Bruder, R., Hefendehl-Hebeker, L., Schmidt-Thieme, B., Weigand, H.-G. (Hrsg.) (2015). Handbuch der Mathematikdidaktik. Berlin: Springer Spektrum.
Daems, J. & Smeets, I. (2016). Mit den Mathemädels durch die Welt. Berlin: Springer.
https://www.mathematik.de/schuelerwettbewerbe Webseite der Deutschen Mathematiker-Vereinigung. Aufgerufen am 24.01.2021.
Engel, A. (1998). Problem-Solving Strategies. New York: Springer.
Enzensberger, H. M. (2018). Der Zahlenteufel. Ein Kopfkissenbuch für alle, die Angst vor der Mathematik haben (3. Aufl.). München: dtv.
Fritzlar, T., Rodeck, K. & Käpnick, F. (Hrsg.) (2006). Mathe für kleine Asse. Empfehlungen zur Förderung mathematisch begabter Schülerinnen und Schüler im 5. und 6. Schuljahr. Berlin: Cornelsen.
Glaeser, G. (2014). Geometrie und ihre Anwendungen in Kunst, Natur und Technik (3. Aufl.). Wiesbaden: Springer Spektrum.
Glaeser, G., Polthier, K. (2014). Bilder der Mathematik (2. Aufl.). Berlin: Springer Spektrum.
Goldsmith, M. (2013). So wirst du ein Mathe-Genie. München: Dorling Kindersley.
Gritzmann, P., Brandenberg, R. (2005). Das Geheimnis des kürzesten Weges. Ein mathematisches Abenteuer. (3. Aufl.). Berlin: Springer.

S. Schindler-Tschirner und W. Schindler, *Mathematische Geschichten III – Eulerscher Polyedersatz, Schubfachprinzip und Beweise, essentials,*

Institut für Mathematik der Johannes-Gutenberg-Universität Mainz, Monoid-Redaktion (Hrsg.) (1981–2021). Monoid– Mathematikblatt für Mitdenker. Mainz: Institut für Mathematik der Johannes-Gutenberg-Universität Mainz, Monoid-Redaktion.

Jainta, P., Andrews, L., Faulhaber, A., Hell, B., Rinsdorf, E. & Streib, C. (2018). Mathe ist noch mehr. Aufgaben und Lösungen der Fürther Mathematik-Olympiade 2012–2017. Wiesbaden: Springer Spektrum.

Jainta, P. & Andrews, L. (2020a). Mathe ist noch viel mehr. Aufgaben und Lösungen der Fürther Mathematik-Olympiade 1992–1999. Berlin: Springer Spektrum.

Jainta, P. & Andrews, L. (2020b). Mathe ist wirklich noch viel mehr. Aufgaben und Lösungen der Fürther Mathematik-Olympiade 1999–2006. Berlin: Springer Spektrum.

Käpnick, F. (2014). Mathematiklernen in der Grundschule. Wiesbaden: Springer Spektrum.

Krutetski, V. A. (1968). The psychology of mathematical abilities in schoolchildren. Chicago: Chicago Press.

Krutezki, W. A. (1968). Altersbesonderheiten der Entwicklung mathematischer Fähigkeiten bei Schülern. Mathematik in der Schule, 8, 44–58.

Leiken, R., Koichu, B. & Berman, A. (2009). Mathematical giftedness as a quality of problem solving acts. In Leiken, R. et al. (Hrsg.). Creativity in mathematics and the education of gifted students (S. 115–227). Rotterdam, Boston, Taipei: Sense Publishers.

Löh, C., Krauss, S. & Kilbertus, N. (Hrsg.) (2019). Quod erat knobelandum. Themen, Aufgaben und Lösungen des Schülerzirkels Mathematik der Universität Regensburg (2. Aufl.). Berlin: Springer Spektrum.

Mathematik-Olympiaden e.V. Rostock (Hrsg.) (1996–2016). Die 35. Mathematik-Olympiade 1995/1996 – die 55. Mathematik-Olympiade 2015/2016. Glinde: Hereus.

Mathematik-Olympiaden e.V. Rostock (Hrsg.) (2017–2020). Die 56. Mathematik-Olympiade 2016/2017 – die 59. Mathematik-Olympiade 2019/2020. Adiant Druck, Rostock.

Meier, F. (Hrsg.) (2003). Mathe ist cool! Junior. Eine Sammlung mathematischer Probleme. Berlin: Cornelsen.

Müller, E. & Reeker, H. (2001). Mathe ist cool!. Eine Sammlung mathematischer Probleme. Berlin: Cornelsen.

Noack, M, Unger, A., Geretschläger, R. & Stocker, H. (Hrsg.) (2014). Mathe mit dem Känguru 4. Die schönsten Aufgaben von 2012 bis 2014. München: Hanser.

Schiemann, St. & Wöstenfeld, R. (2017). Die Mathe-Wichtel. Band 1. Humorvolle Aufgaben mit Lösungen für mathematisches Entdecken ab der Grundschule (2. Aufl.). Wiesbaden: Springer Spektrum.

Schiemann, St. & Wöstenfeld, R. (2018). Die Mathe-Wichtel. Band 2. Humorvolle Aufgaben mit Lösungen für mathematisches Entdecken ab der Grundschule (2. Aufl.). Wiesbaden: Springer Spektrum.

Schindler-Tschirner, S. & Schindler, W. (2019a). Mathematische Geschichten I – Graphen, Spiele und Beweise. Für begabte Schülerinnen und Schüler in der Grundschule. Wiesbaden: Springer Spektrum.

Schindler-Tschirner, S. & Schindler, W. (2019b). Mathematische Geschichten II – Rekursion, Teilbarkeit und Beweise. Für begabte Schülerinnen und Schüler in der Grundschule. Wiesbaden: Springer Spektrum.

Schindler-Tschirner, S. & Schindler, W. (2021). Mathematische Geschichten IV – Euklidischer Algorithmus, Modulo-Rechnung und Beweise. Für begabte Schülerinnen und Schüler in der Unterstufe. Wiesbaden: Springer Spektrum.

Schülerduden Mathematik I – Das Fachlexikon von A-Z für die 5. bis 10. Klasse (2011) (9. Aufl.). Mannheim: Dudenverlag.

Schülerduden Mathematik II – Ein Lexikon zur Schulmathematik für das 11. bis 13. Schuljahr (2004) (5. Aufl.). Mannheim: Dudenverlag.

Singh, S. (2001). Fermats letzter Satz. Eine abenteuerliche Geschichte eines mathematischen Rätsels (6. Aufl.). München: dtv.

Specht, E., Quaisser, E. & Bauermann, P. (Hrsg.) (2020). 50 Jahre Bundeswettbewerb Mathematik. Die schönsten Aufgaben. Berlin: Springer Spektrum.

Specht, E. & Stricht, R. (2009). Geometria – scientiae atlantis 1. 440+ mathematische Probleme mit Lösungen (2. Aufl.). Halberstadt: Koch-Druck.

Strick, H. K. (2017). Mathematik ist schön: Anregungen zum Anschauen und Erforschen für Menschen zwischen 9 und 99 Jahren. Heidelberg: Springer Spektrum.

Strick, H. K. (2018). Mathematik ist wunderschön: Noch mehr Anregungen zum Anschauen und Erforschen für Menschen zwischen 9 und 99 Jahren. Berlin: Springer Spektrum.

Strick, H.K. (2020a). Mathematik ist wunderwunderschön. Berlin: Springer Spektrum.

Strick, H.K. (2020b). Mathematik – einfach genial! Bemerkenswerte Ideen und Geschichten von Pythagoras bis Cantor. Berlin: Springer Spektrum.

Ulm, V. & Zehnder, M. (2020). Mathematische Begabung in der Sekundarstufe. Modellierung, Diagnostik, Förderung. Berlin: Springer Spektrum.

Unger, A., Noack, M., Geretschläger, R., Akveld, M. (Hrsg.) (2020). Mathe mit dem Känguru 5. 25 Jahre Känguru-Wettbewerb: Die interessantesten und schönsten Aufgaben von 2015 bis 2019. München: Hanser.

Verein Fürther Mathematik-Olympiade e. V. (Hrsg.) (2013). Mathe ist mehr. Aufgaben aus der Fürther Mathematik-Olympiade 2007–2012. Hallbergmoos: Aulis.

https://www-stud.uni-due.de/~simibark/visualisierung-platonische-koerper/ Animation der platonischen Körper. Webseite der Universität Düsseldorf. Aufgerufen am 24.01.2021.

Printed in the United States
by Baker & Taylor Publisher Services